Marco Bettner/Erik Dinges

Stochastik in der Sekundarstufe

Wahrscheinlichkeitsrechnung, Kombinatorik und Statistik

Persen

Persen Verlag GmbH

Die Autoren: **Marco Bettner** – Rektor als Ausbildungsleiter am Studienseminar Friedberg (Hessen), Lehrbeauftragter am Institut für Mathematikdidaktik der Justus-Liebig-Universität Gießen und Referent der Lehrerfortbildung, Autor

Erik Dinges – Sonderschulpädagoge, Konrektor an einer Schule für Lernhilfe, Lehrbeauftragter am Institut für Mathematikdidaktik der Justut-Liebig-Universität Gießen und Tätigkeit in der Lehrerfortbildung, Autor

Gedruckt auf umweltbewusst gefertigtem, chlorfrei gebleichtem
und alterungsbeständigem Papier.

2. Auflage 2008

Nach den seit 2006 amtlich gültigen Regelungen der Rechtschreibung

Illustrationen: Georg Wieborg
Satz: Satzherstellung Dr. Naake <www.naake-satz.de>
ISBN 978-3-8344-3708-2

www.persen.de

Inhaltsverzeichnis

Vorwort 4

Bruchrechnung und Prozentrechnung

Kürzen und Erweitern von Brüchen . . 6
Addition und Subtraktion von Brüchen 7
Multiplikation und Division von Brüchen 8
Berechnung des Prozentwertes 9
Berechnung des Prozentsatzes 10
Berechnung des Grundwertes 11

Beschreibende Statistik I: Diagramme

Säulen- und Balkendiagramme 12
Streifendiagramme 13
Kreisdiagramme 14
Geeignete Diagrammtypen wählen . . 15
Irreführende Diagramme 16
Lernerfolgskontrolle Diagramme 17

Beschreibende Statistik II: Häufigkeiten

Absolute und relative Häufigkeit I . . . 18
Absolute und relative Häufigkeit II . . . 19
Absoluter und relativer Vergleich I . . . 20
Absoluter und relativer Vergleich II . . 21
Durchführen einer Umfrage 22
Lernerfolgskontrolle Häufigkeiten . . . 23

Beschreibende Statistik III: statistische Maße

Mittelwert I 24
Mittelwert II 25
Zentralwert 26
Spannweite und mittlere Abweichung I 27
Spannweite und mittlere Abweichung II 28
Varianz und Standardabweichung I . . 29
Varianz und Standardabweichung II . 30
Boxplot I 31
Boxplot II 32
Lernerfolgskontrolle statistische Maße I 33
Lernerfolgskontrolle statistische Maße II 34

Kombinatorik

Geordnete Auswahl mit Zurücklegen I 35
Geordnete Auswahl mit Zurücklegen II 36
Geordnete Auswahl ohne Zurücklegen 37
Ungeordnete Auswahl ohne Zurücklegen I 38
Ungeordnete Auswahl ohne Zurücklegen II 39
Lernerfolgskontrolle Kombinatorik . . . 40

Wahrscheinlichkeitsrechnung

Zufallsversuche I 41
Zufallsversuche II 42
Einfache Wahrscheinlichkeiten berechnen I 43
Einfache Wahrscheinlichkeiten berechnen II 44
Einfache Wahrscheinlichkeiten berechnen III 45
Gegenereignis 46
Baumdiagramme I 47
Baumdiagramme II 48
Baumdiagramme III 49
Baumdiagramme IV 50
Bernoulli-Experimente I 51
Bernoulli-Experimente II 52
Lernerfolgskontrolle Wahrscheinlichkeiten I 53
Lernerfolgskontrolle Wahrscheinlichkeiten II 54

Lösungen 55

Vorwort

In einer Welt, die zunehmend von verschiedenen Informationsmedien und der Analyse von Daten geprägt ist, bekommen mathematische Themen wie Statistik und Wahrscheinlichkeitsrechnung eine immer größere Bedeutung. Die Gefahr von Fehlinterpretationen und Daten-Missbrauch nimmt dadurch zu. In Tageszeitungen, Büchern, im Internet und im Fernsehen werden immer häufiger Daten in visualisierter Form oder als Tabellen dargestellt. Diese Daten zu verstehen und zu interpretieren ist deshalb eine unverzichtbare Kompetenz, die im Mathematik-Unterricht vermittelt werden muss.

Die vorliegenden Arbeitsblätter für die Sekundarstufe I greifen diese Forderung auf und stellen die Thematik in einer anschaulichen Weise dar. Verschiedene Aufgabentypen helfen den Schülern, alle wesentlichen Themengebiete der Stochastik auf unterschiedlichen Ebenen nachzuvollziehen. Durch entsprechende Arbeitsaufträge können viele Sachzusammenhänge eigenständig erarbeitet, geübt und wiederholt werden. Zahlreiche Verknüpfungen zu anderen mathematischen Themengebieten wie z. B. der Prozentrechnung und der Algebra festigen die gewonnenen Erkenntnisse und integrieren sie in bereits vorhandenes Wissen.

Darüber hinaus werden in vielen Aufgaben Erläuterungen und Begründungen gefordert, da die Auswertung von Daten nicht allein in der Berechnung von bestimmten Kenngrößen besteht, sondern deren inhaltliche Interpretation umfasst. Die Antwort auf ein Problem der Datenanalyse besteht selten in der Berechnung einer Zahl. Vielmehr müssen die Schüler vor allem bei komplexen Fragestellungen ihre Rechenwege und Vorgehensweisen auch darstellen und begründen können. Da Daten oft mehrere Schlussfolgerungen zulassen, müssen sie lernen, stochastische Probleme unter verschiedenen Aspekten zu diskutieren und zu bearbeiten.

Mit dieser Konzeption ist das vorliegende Arbeitsheft sehr stark an den Bildungsstandards der Kultusministerkonferenz im Fach Mathematik für den Mittleren Schulabschluss orientiert. Die dort angeführten Anforderungsbereiche – „Reproduzieren“, „Zusammenhänge herstellen“ und „Verallgemeinern und Reflektieren“ – werden hier vielfältig und zahlreich angeboten. In besonderem Maße wird auf die in den Bildungsstandards hingewiesene „Leitidee Daten und Zufall“ eingegangen.

Das Arbeitsheft ermöglicht sowohl den Lehrern als auch den Schülern einen klar strukturierten Aufbau der stochastischen Themen. Die inhaltliche Abfolge wird durch die Gliederung der Kapitel deutlich:

- Wiederholung der Bruch- und Prozentrechnung
- Beschreibende Statistik I (Diagramme)
- Beschreibende Statistik II (Häufigkeiten)
- Beschreibende Statistik III (statistische Maße)
- Kombinatorik
- Wahrscheinlichkeitsrechnung

Am Ende jedes Kapitels werden Lernzielkontrollen zur Überprüfung der erworbenen Kenntnisse angeboten.

Alle Aufgaben sowohl im Bereich der Statistik als auch im Bereich der Wahrscheinlichkeitsrechnung basieren auf Themen aus dem Erfahrungsbereich der Schülerinnen und Schüler. Dies ermöglicht eine erhöhte Motivation und macht den Anwendungszusammenhang für die jeweilige Lerngruppe transparenter.

Die Kopiervorlagen helfen bei der flexiblen Planung und Durchführung des Unterrichts und ermöglichen ...

- eine eigenständige Erarbeitung der Themen
- die Sicherung und Vertiefung bereits im Unterricht erarbeiteter Inhalte
- die Vernetzung von zahlreichen mathematischen Inhalten
- ein gezieltes Üben zum Ausgleich bei individuell auftretenden Problemen, zur Einzelförderung und auch im Nachhilfeunterricht
- Lernzielkontrollen zu jedem Thema

Aufgabe 1

Schreibe die dargestellten Brüche unter die Abbildungen. Welche Bruchteile haben die gleiche Größe? Verbinde die entsprechenden Abbildungen.

a) 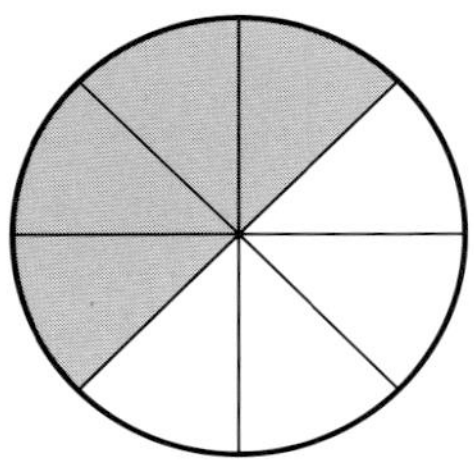 ______

b) 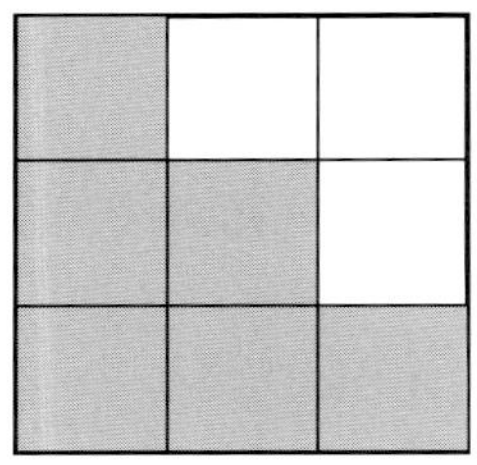 ______

c) 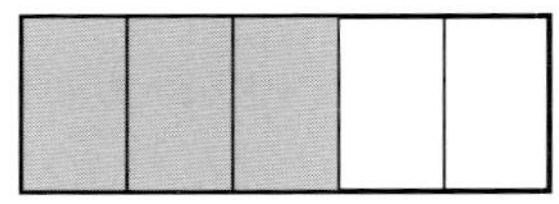 ______

d) 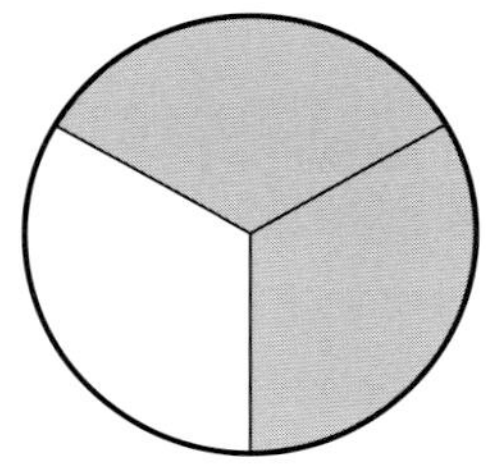 ______

Aufgabe 2

Kreuze die richtige Regel zum Kürzen und Erweitern an.

a) Zähler und Nenner werden mit der gleichen Zahl addiert oder subtrahiert. Der Wert der Brüche ändert sich nicht. ☐

b) Zähler und Nenner werden mit der gleichen Zahl multipliziert oder dividiert. Der Wert der Brüche ändert sich nicht. ☐

Aufgabe 3

Erweitere die Brüche mit der angegebenen Zahl.

a) mit 3: $\frac{1}{2}$ $\frac{3}{4}$ $\frac{2}{7}$ $\frac{3}{16}$ $\frac{8}{15}$

b) mit 7: $\frac{1}{4}$ $\frac{5}{6}$ $\frac{7}{12}$ $\frac{8}{15}$

Aufgabe 4

Notiere die Erweiterungszahl bzw. die Kürzungszahl.

a) $\frac{1}{2} = \frac{5}{10}$ b) $\frac{3}{7} = \frac{27}{63}$ c) $\frac{8}{11} = \frac{96}{132}$ d) $\frac{3}{8} = \frac{39}{104}$ e) $\frac{17}{5} = \frac{289}{85}$

Aufgabe 5

Kürze die Brüche, bis sie nicht mehr gekürzt werden können.

a) $\frac{32}{64}$ b) $\frac{8}{24}$ c) $\frac{33}{99}$ d) $\frac{90}{225}$ e) $\frac{375}{1000}$ f) $\frac{25}{60}$

Aufgabe 6

Ergänze den fehlenden Zähler oder Nenner.

a) $\frac{3}{4} = \frac{\square}{20}$ b) $\frac{5}{\square} = \frac{35}{56}$ c) $\frac{3}{\square} = \frac{24}{32}$ d) $\frac{11}{12} = \frac{\square}{60}$

Aufgabe 1

Löse die Aufgaben und kürze das Ergebnis, wenn es möglich ist.

a) $\frac{1}{3} + \frac{1}{3} =$ ____________ c) $\frac{5}{8} - \frac{2}{8} =$ ____________ e) $\frac{3}{5} + \frac{1}{5} =$ ____________

b) $\frac{1}{6} + \frac{3}{6} =$ ____________ d) $\frac{13}{14} - \frac{7}{14} =$ ____________ f) $\frac{7}{24} - \frac{13}{24} =$ ____________

Aufgabe 2

Kreuze die richtige Regel zum Addieren und Subtrahieren von Brüchen an.

a) Zwei gleichnamige Brüche werden addiert (subtrahiert), indem die Zähler addiert (subtrahiert) und die Nenner beibehalten werden. ☐

b) Zwei gleichnamige Brüche werden addiert (subtrahiert), indem die Nenner multipliziert (dividiert) und die Zähler beibehalten werden. ☐

Aufgabe 3

Löse die Aufgaben. Mache die Brüche gegebenenfalls gleichnamig (durch Kürzen oder Erweitern bekommen alle Brüche den gleichen Nenner).

a) $\frac{1}{2} + \frac{3}{4}$ b) $\frac{5}{6} - \frac{2}{3}$ c) $\frac{7}{8} + \frac{5}{6}$ d) $\frac{3}{12} + \frac{4}{9}$ e) $\frac{1}{2} - \frac{7}{18}$

Aufgabe 4

Berechne die fehlenden Felder der Rechen-Pyramiden.

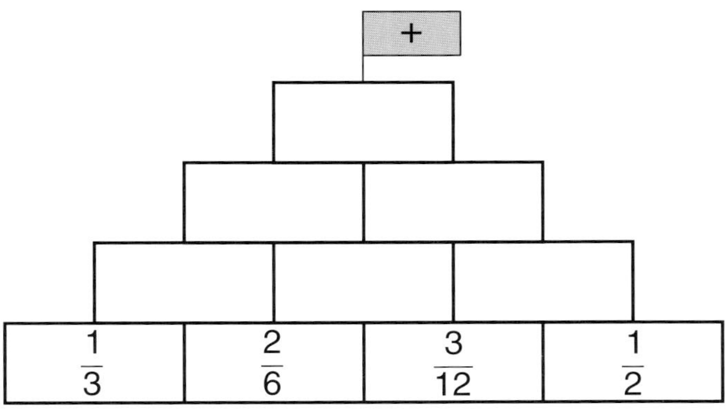

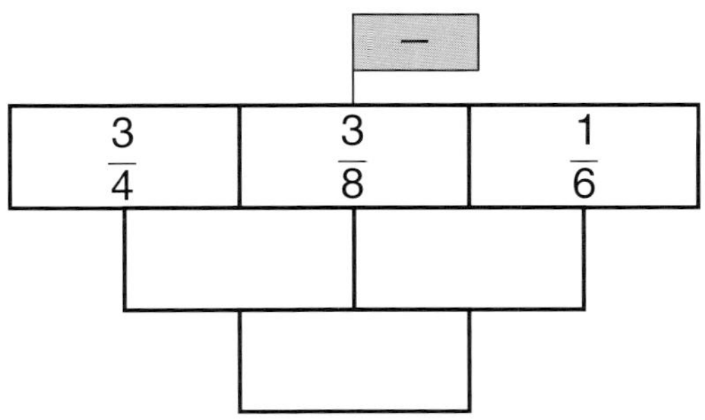

Aufgabe 5

In einer Karaffe befinden sich $\frac{1}{2}$ l Orangensaft und $\frac{1}{3}$ l Kirschsaft.

Wie viele Liter Flüssigkeit sind insgesamt in der Karaffe?

Aufgabe 6

Jan wiegt $46\frac{1}{2}$ kg. Sein kleiner Bruder wiegt $22\frac{1}{3}$ kg.

Wie groß ist der Gewichtsunterschied zwischen den beiden Brüdern?

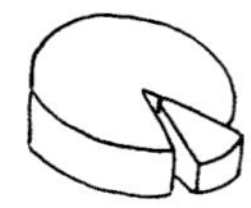

Aufgabe 1

Löse die Aufgaben und kürze die Ergebnisse, wenn es möglich ist.

a) $\frac{1}{8} \cdot 3 =$ ____________ c) $\frac{4}{10} \cdot 5 =$ ____________ e) $\frac{2}{3} \cdot \frac{1}{2} =$ ____________

b) $\frac{2}{6} \cdot 4 =$ ____________ d) $\frac{3}{7} \cdot \frac{2}{1} =$ ____________ f) $\frac{3}{7} \cdot \frac{5}{9} =$ ____________

Aufgabe 2

Kreuze die richtige Regel zum Multiplizieren von Brüchen an.

a) Zwei Brüche werden miteinander multipliziert, indem die beiden Zähler multipliziert und die Nenner beibehalten werden. ☐

b) Zwei Brüche werden miteinander multipliziert, indem die Zähler und die Nenner jeweils miteinander multipliziert werden. ☐

Aufgabe 3

Bestimme den Kehrwert der angegebenen Brüche.

a) $\frac{1}{2}$ b) $\frac{2}{3}$ c) $\frac{38}{3}$ d) $\frac{3}{8}$ e) 4 f) $\frac{5}{7}$

Aufgabe 4

Kreuze die richtige Regel zum Dividieren von Brüchen an.

a) Man teilt durch einen Bruch, indem man mit dem Kehrwert multipliziert. ☐

b) Man teilt durch einen Bruch, indem man durch den Kehrwert dividiert. ☐

Aufgabe 5

Berechne die Aufgaben und kürze das Ergebnis bis zur Grunddarstellung.

a) $\frac{5}{8} : \frac{8}{15}$ b) $\frac{2}{3} : \frac{4}{5}$ c) $\frac{2}{5} : \frac{4}{3}$ d) $\frac{42}{27} : \frac{49}{45}$ e) $\frac{63}{54} : \frac{42}{36}$

Aufgabe 6

Der Inhalt einer $\frac{9}{10}$-l-Flasche Saft soll gleichmäßig auf 3 Gläser verteilt werden.

Wie viele Liter Saft kommen in jedes Glas?

Aufgabe 7

Ein Quadrat hat eine Seitenlänge von $\frac{3}{8}$ cm.

Wie groß ist der Umfang des Quadrates?

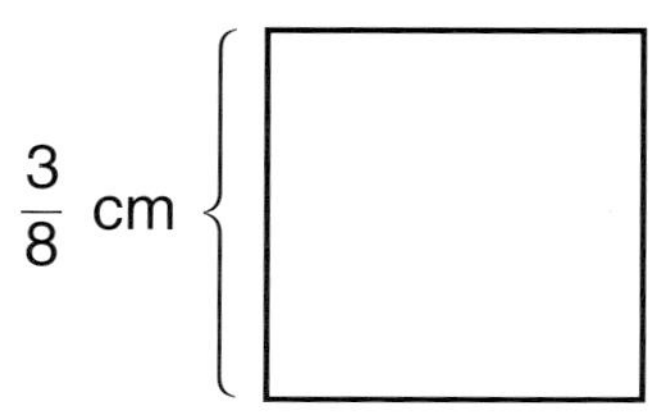

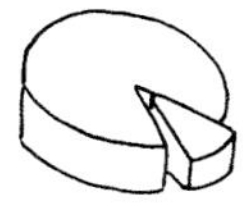

Aufgabe 1

Herr Schneidmüller hat ein 480 m² großes Grundstück. 25 % davon sind mit Gras bedeckt. Das sind 120 m². Ordne die Werte den richtigen Begriffen zu.

Grundwert: ______________

Prozentsatz: ______________

Prozentwert: ______________

Aufgabe 2

Kreuze die richtige Formel für die Berechnung des Prozentwertes an.

a) $\text{Prozentwert} = \dfrac{\text{Prozentsatz} \cdot 100}{\text{Grundwert}}$ ☐

b) $\text{Prozentwert} = \dfrac{\text{Grundwert} \cdot \text{Prozentsatz}}{100}$ ☐

Aufgabe 3

Berechne jeweils den Prozentwert.

a) 5 % von 20 €

b) 10 % von 388 kg

c) 12 % von 200 dm

d) 50 % von 900 l

e) 27 % von 7 000

f) 48 % von 4 500 m²

Aufgabe 4

Berechne jeweils den Prozentwert im Kopf.

a) 25 % von 20 m =

b) 50 % von 500 l =

c) 20 % von 8 cm =

d) 10 % von 600 g =

e) 5 % von 4 000 m =

f) 1 % von 60 =

Aufgabe 5

Der menschliche Körper besteht zu 60 % aus Wasser. Björn wiegt 40 kg.

a) Wie viel kg Wasser sind in seinem Körper enthalten?

b) Wie viel kg Wasser sind in deinem Körper enthalten?

Aufgabe 6

Lies aus dem Kreisdiagramm ab, wie Jonas sein Geld ausgibt, wenn er im Monat 40 € bekommt.

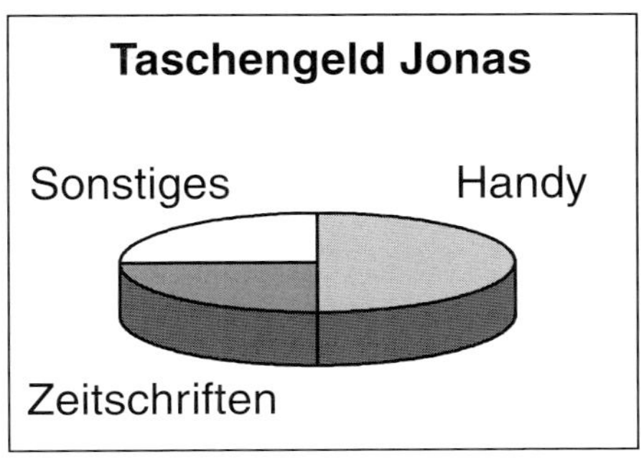

Handy: _____ € Zeitschriften: _____ € Sonstiges: _____ €

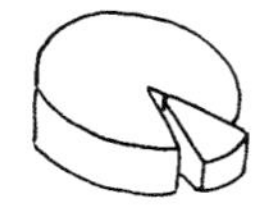

Aufgabe 1

Von 80 Schülern sind 20 mit dem Bus gekommen. Wie viel Prozent sind das?

Grundwert: ________ Prozentsatz: ________ Prozentwert: ________

Aufgabe 2

Kreuze die richtige Formel für die Berechnung des Prozentsatzes an.

a) $\text{Prozentsatz} = \frac{\text{Prozentwert} \cdot 100}{\text{Grundwert}}$ ☐

b) $\text{Prozentsatz} = \frac{\text{Grundwert} \cdot 100}{\text{Prozentwert}}$ ☐

Aufgabe 3

Berechne den Prozentsatz und runde jeweils auf 2 Nachkommastellen.

a) Grundwert = 75 kg; Prozentwert = 19 kg

b) Grundwert = 13 l; Prozentwert = 5,5 l

c) Grundwert = 12 €; Prozentwert = 8,60 €

d) Grundwert = 8 km; Prozentwert = 6,5 km

Aufgabe 4

Berechne jeweils den Prozentsatz im Kopf.

a) Grundwert = 100 cm; Prozentwert = 17 cm

b) Grundwert = 36 cm; Prozentwert = 18 cm

c) Grundwert = 60 ; Prozentwert = 15

d) Grundwert = 40 m^3; Prozentwert = 2 m^3

Aufgabe 5

a) Bei einer Geschichtsarbeit haben 8 Schüler der Klasse 8b eine schlechtere Note als Vier geschrieben. Wie viel Prozent der Schüler sind das, wenn die Klasse aus 30 Schülern besteht?

b) In der Klasse 8a haben lediglich 6 Schüler eine schlechtere Note als Vier geschrieben. Welche der beiden Klassen war erfolgreicher, wenn sich die 8a aus 22 Schülern zusammensetzt?

Aufgabe 6

Das Huhn Eleonore vom Ränstädter Bauernhof wiegt ca. 1 200 g. Ihre Knochen sind in etwa 140 g schwer. Wie groß ist der Gewichtsanteil des Skelettes am Gesamtgewicht?

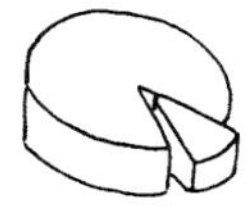

Aufgabe 1

Bei einem Autorennen sind 6 Autos im Ziel angekommen, dies waren 20 % aller Autos. Wie viele Autos waren am Start?

Aufgabe 2

Kreuze die richtige Formel für die Berechnung des Grundwertes an.

a) $\text{Grundwert} = \dfrac{\text{Prozentsatz}}{\text{Prozentwert} \cdot 100}$ ☐

b) $\text{Grundwert} = \dfrac{\text{Prozentwert} \cdot 100}{\text{Prozentsatz}}$ ☐

Aufgabe 3

Berechne den Grundwert.

a) Prozentsatz = 15 %
Prozentwert = 42 kg

b) Prozentsatz = 75 %
Prozentwert = 300 €

c) Prozentsatz = 25 %
Prozentwert = 8 kg

d) Prozentsatz = 23 %
Prozentwert = 0,184 dm

Aufgabe 4

Berechne den Grundwert im Kopf.

a) Prozentsatz = 10 %
Prozentwert = 25 €

b) Prozentsatz = 20 %
Prozentwert = 35 kg

c) Prozentsatz = 50 %
Prozentwert = 50 000 m^3

d) Prozentsatz = 80 %
Prozentwert = 240 mm

Aufgabe 5

Beim Kauf eines Fahrrades hat Ingo 4 % des Kaufpreises gespart. Er hat dadurch 18,20 € weniger ausgegeben. Wie viel hat das Fahrrad ursprünglich gekostet?

Aufgabe 6

In der Hamburger AOL Arena waren beim letzten Spiel 30 800 Zuschauer. Dies entspricht einer Belegung von 56 %. Wie viele Zuschauer fasst das Stadion insgesamt?

Aufgabe 7

Formuliere selbst eine Textaufgabe, in der der Grundwert gesucht wird. Tauscht die Aufgaben untereinander aus und löst sie gegenseitig.

Aufgabe 1

Lies die Daten aus den Diagrammen ab und notiere sie jeweils in einer Tabelle.

Säulendiagramm

Saison 05/06

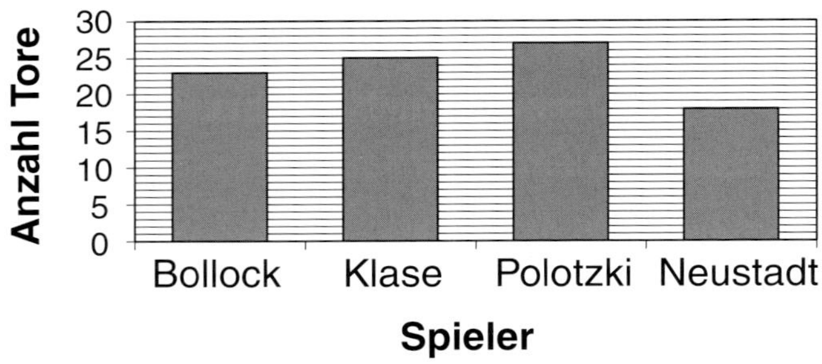

Balkendiagramm

Saison 05/06

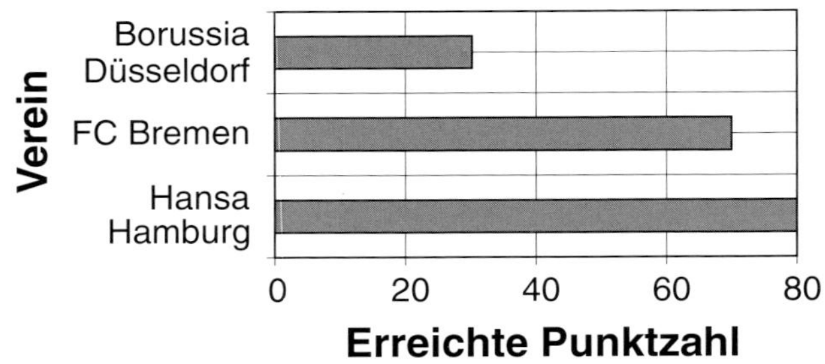

Balkendiagramme werden oft dazu benutzt, Rangfolgen zu veranschaulichen. In der rechten Abbildung werden z. B. die Vereine nach der erreichten Punktzahl sortiert.

Aufgabe 2

An der Albert-Schweitzer-Schule wurde in einer Zählung erfasst, wie die Schüler zur Schule kommen. Zeichne zur abgebildeten Tabelle ein Säulen- und ein Balkendiagramm.

Fortbewegungsmittel	Anzahl Schüler
Bus	70
Fahrrad	30
zu Fuß	60

Aufgabe 3

In der Tabelle siehst du die Ausgaben der Familie Siebenborn vom Juli 2005. Zeichne ein Säulendiagramm mit den Daten.

Kostenpunkt	Preis in €
Miete	850
Lebensmittel	480
Kleidung	290
Sparkonto	150
Auto	220
Sonstiges	450

Aufgabe 4

Das Diagramm zeigt die durchschnittlichen Ergebnisse von drei Klassenarbeiten der 7a und der 7b in Mathematik. Lege eine entsprechende Tabelle an und notiere die Werte.

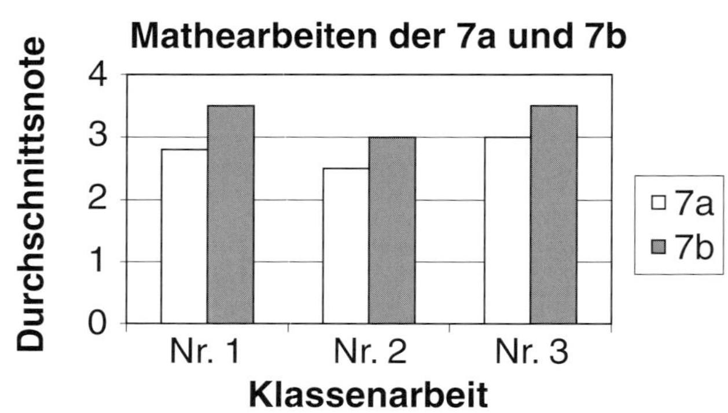

Aufgabe 1

Der Spiel- und Sportverein Mergesheim hat insgesamt 200 Mitglieder. Lies die einzelnen Prozentsätze der jeweiligen Sportarten aus dem Streifendiagramm ab und berechne die verschiedenen Mitgliederzahlen zu den einzelnen Sportarten.

> ***Mit einem Streifendiagramm können die Anteile einer bestimmten Größe am Ganzen visualisiert werden. Die konkreten Anzahlen der jeweiligen Größen spielen dabei keine Rolle.***

Aufgabe 2

a) Bringe die Anweisungen zur Konstruktion des obigen Streifendiagramms in die richtige Reihenfolge.

1. Beschrifte die entsprechenden 4 Teilfelder.
2. Zeichne ein Rechteck mit einer Länge von 10 cm und einer Breite von 1 cm.
3. Zeichne nach 16 mm, dann nach 33 mm und dann nach 25 mm je eine senkrechte Strecke in das Rechteck, sodass vier Teilrechtecke entstehen.

b) Warum ist es sinnvoll, für das Streifendiagramm eine Länge von 10 cm zu wählen?

Aufgabe 3

Die Tabelle zeigt die einzelnen Anteile der Kontinente an der gesamten Festlandfläche der Erde. Zeichne ein Streifendiagramm aus den Daten.

Erdteil	Afrika	Amerika	Asien	Australien	Europa	Antarktis
Anteil in %	21	28	30	3	8	10

Aufgabe 4

Zeichne zur abgebildeten Tabelle ein Streifendiagramm (Gesamtlänge: 15 cm).

Fortbewegung zur Schule	Fahrrad	Bus/Bahn	Auto	zu Fuß
Anteil in %	10	24	6	60

Aufgabe 1

Der Fußballclub Borussia Berstadt hat in der letzten Saison insgesamt 80 Tore geschossen. Im dargestellten Kreisdiagramm sieht man die Anteile bezüglich der unterschiedlichen Tore. Lies die Anteile aus dem Diagramm ab und berechne die unterschiedlichen Trefferanzahlen.

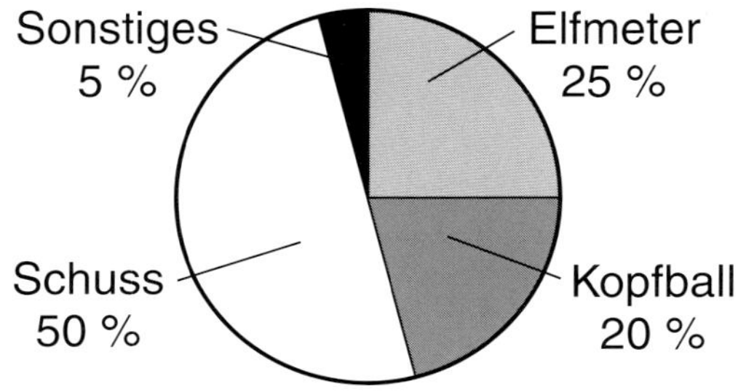

Mit einem Kreisdiagramm können Anteile einer bestimmten Größe am Ganzen visualisiert werden. Die konkreten Anzahlen der jeweiligen Größen spielen dabei keine Rolle.

Aufgabe 2

Im Kreisdiagramm gehört zu jedem Prozentsatz ein bestimmter Winkel α. Fülle die Tabelle unten entsprechend aus.

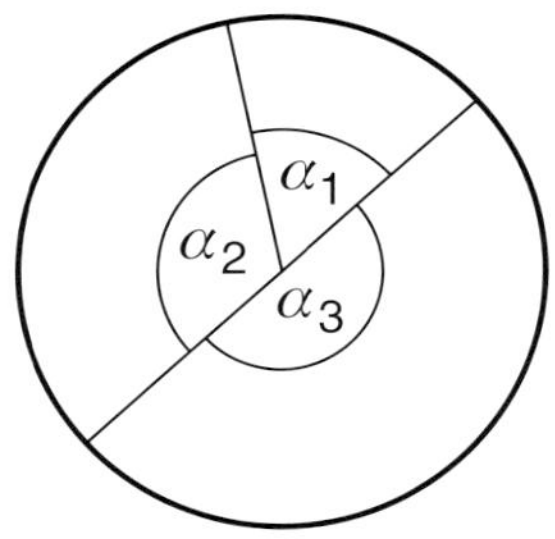

Tipp: Ein Kreis hat immer 360°.

Prozentsatz	50 %	25 %			80 %	
Winkelgröße			45°	36°		3,6°

Die Winkelgrößen für ein Kreisdiagramm lassen sich folgendermaßen berechnen:

$$\textbf{\textit{Winkel des jeweiligen Anteils}} = \frac{\textbf{\textit{Prozentsatz}} \cdot \mathbf{360^\circ}}{\mathbf{100}}$$

Beispiel:

Der Winkel im Kreisdiagramm für einen Anteil von 26 % ist $\frac{26 \cdot 360^\circ}{100} = 93{,}6^\circ$.

Aufgabe 3

In der Klasse 8c der Realschule Nidda-Süd wurde eine Umfrage durchgeführt. Zeichne zu der abgebildeten Tabelle ein Kreisdiagramm.

Wie oft esst ihr Obst?	**Anteil in %**
an mehr als 5 Tagen pro Woche	28
an 2 bis 5 Tagen pro Woche	50
seltener	14
nie	8

Aufgabe 4

Familie Walther hat sich im Mai 2006 die Ausgaben notiert. Berechne die einzelnen Prozentsätze und zeichne ein Kreisdiagramm. Runde dabei die Prozentsätze zu ganzen Zahlen.

Ausgabepunkt	Miete	Lebensmittel	Kleidung	Auto	Sparen	Sonstiges
Kosten in €	1200	400	250	150	300	500

Aufgabe 1

Im CD-Geschäft Flotte Mucke wurden im letzten Monat die folgenden Verkaufszahlen erzielt. Zeichne ein geeignetes Diagramm, in dem die Reihenfolge der Verkaufszahlen deutlich wird.

Sänger/Band	Modern Walking	Bobby Williams	Anastasini	Britney Tears
Anzahl CDs	2500	3000	1000	2000

Aufgabe 2

Herr Schneidmüller möchte wissen, wie sich seine einzelnen monatlichen Kredit-Rückzahlungen aufteilen. Zeichne einen geeigneten Diagrammtypen.
Runde bei der Berechnung der Prozentzahlen auf eine Nachkommastelle.

Kostenpunkt	**Betrag in €**
Autokredit	150
Hausbaukredit	900
Ratenkauf Waschmaschine	70

Aufgabe 3

Peer hat die monatlichen Durchschnittstemperaturen in seinem Heimatort ermittelt und möchte ein geeignetes Diagramm dazu zeichnen. Welchen Typ würdest du wählen? Zeichne ein entsprechendes Diagramm.

Monat	Jan.	Feb.	März	April	Mai	Juni	Juli	Aug.	Sept.	Okt.	Nov.	Dez.
Temp. in °C	6	8	12	14	16	19	23	23	18	14	9	9

Aufgabe 4

Denke dir zu einem beliebigen Problem eine Tabelle mit entsprechenden Daten aus. Tausche die Tabelle mit deinem Nachbarn und erstelle zu seiner Tabelle ein geeignetes Diagramm.

Aufgabe 1

Bei Firma Meier wurden die Gewinne der letzten Jahre grafisch dargestellt.

a) Welchen Eindruck hast du von dem Gewinnzuwachs der Firma in den letzten Jahren?

b) Notiere die Gewinnzahlen für die jeweiligen Jahre und vergleiche die Zahlen mit deinen Vermutungen.

c) Warum entsteht durch die Grafik zunächst ein irreführender Eindruck?

Gewinne der Firma Meier

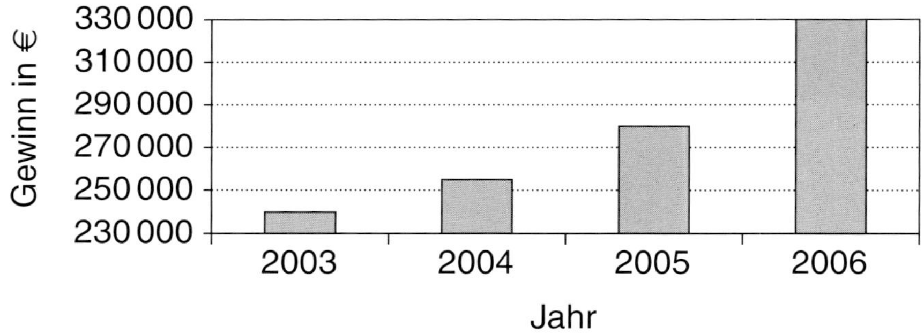

Aufgabe 2

Im Januar 2002 kostete ein Liter Benzin durchschnittlich 95 ct. Im April 2008 hat sich der Preis verdoppelt. Die Grafik soll diese Preisänderung veranschaulichen.

a) Welcher Eindruck entsteht durch die beiden Grafiken?

b) Woher kommt der irreführende Eindruck, wenn man davon ausgeht, dass die Seitenlängen der beiden Rechtecke von 2002 zu 2008 verdoppelt wurden?

2002

2008

Aufgabe 3

Die Tabelle und das Diagramm zeigen das Höhenprofil einer Fahrradstrecke.

a) Welcher Eindruck über die Fahrradstrecke entsteht durch das Liniendiagramm?

b) Wodurch entsteht der irreführende Eindruck?

Fahrradstrecke Laisbachtal

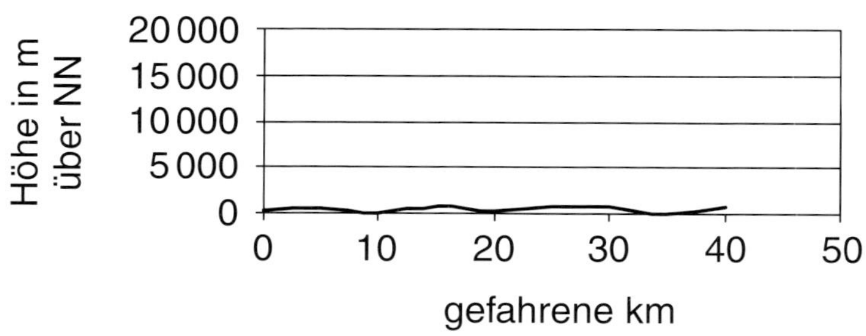

gefahrene Kilometer	0	5	10	15	20	25	30	35	40
Höhe in m über NN	150	400	110	650	190	750	750	120	690

Aufgabe 1

In der Tabelle erkennst du die jeweiligen Gewinne der Firma PC-Experte aus den letzten 4 Jahren.

Jahr	2002	2003	2004	2005
Gewinne in	50 000	35 000	60 000	40 000

a) Zeichne ein geeignetes Diagramm.

b) Begründe, warum du dich für diesen Diagrammtyp entschieden hast.

Aufgabe 2

Frau Schneider möchte wissen, wie viel ihres monatlichen Gehaltes für die verschiedenen Bereiche ausgegeben wird.

Ausgaben	Miete	Auto	Lebens-mittel	Kleidung	Neben-kosten	Sonstiges
Kosten in €	600	250	200	140	300	300

a) Zeichne ein geeignetes Diagramm.

b) Begründe, warum du dich für den entsprechenden Diagrammtyp entschieden hast.

Aufgabe 3

In der Klasse 9b (25 Schüler) wurde eine Umfrage zu den beliebtesten Fernsehsendungen durchgeführt. Berechne die einzelnen Prozentsätze und zeichne ein Kreisdiagramm.

Fernsehsendung	Sport	Quizshow	Spielfilm	Serie	Sonstiges
Anzahl Schüler	4	4	6	8	3

Aufgabe 4

In Friedberg wurde eine Verkehrszählung durchgeführt.
Zeichne ein Streifendiagramm mit den Daten aus der Tabelle.

Fahrzeug	Anzahl
Pkw	140
Bus	30
Lkw	50
Fahrrad	40
Sonstiges	18

Persen
Bettner/Dinges: Stochastik in der Sekundarstufe

Aufgabe 1

Bei einer Befragung der Klasse 6b zu den beliebtesten Fußballmannschaften kam es zu folgendem Ergebnis:

Verein	Bayern München	Borussia Dortmund	Eintracht Frankfurt	Schalke 04
Anzahl Schüler	12	8	10	2

a) Zeichne ein Säulendiagramm zu der Tabelle.

b) Wie viele Schüler haben insgesamt an der Umfrage teilgenommen?

c) Berechne den Anteil der einzelnen Mannschaften an der Gesamtzahl der Schüler.

Die absolute Häufigkeit wird durch die konkrete Anzahl beschrieben.

Die relative Häufigkeit ist der Anteil der jeweiligen Anzahl an der Gesamtheit und wird meistens in Prozent angegeben. Sie lässt sich folgendermaßen berechnen:

$$\textit{relative Häufigkeit} = \frac{\textit{absolute Häufigkeit}}{\textit{Umfang der Erhebung}} \cdot 100$$

Aufgabe 2

Ordne den Aussagen die richtigen Begriffe zu.

a) So nennt man die Anzahl aller befragten Personen.

b) Man kann sie besonders gut in einem Kreisdiagramm darstellen.

c) Man kann sie besser in einem Säulendiagramm darstellen.

d) Die konkrete Anzahl einer Größe nennt man so.

e) So nennt man den Anteil der absoluten Häufigkeit an der Gesamtanzahl.

absolute Häufigkeit

Umfang der Erhebung

relative Häufigkeit

Aufgabe 3

Im Eiscafé Verona wurde in einer Stichprobe überprüft, welche Eissorten am meisten gekauft werden. Nach 2 Stunden konnte folgende Tabelle aufgestellt werden:

Eissorte	Schokolade	Vanille	Erdbeere	Stracciatella	Sonstige
gekaufte Kugeln	45	17	22	36	14

a) Zeichne ein Balkendiagramm zum Ergebnis der Stichprobe.

b) Berechne die jeweiligen relativen Häufigkeiten.

Aufgabe 1

Lies die absoluten Häufigkeiten aus dem Säulendiagramm ab und berechne die relativen Häufigkeiten.

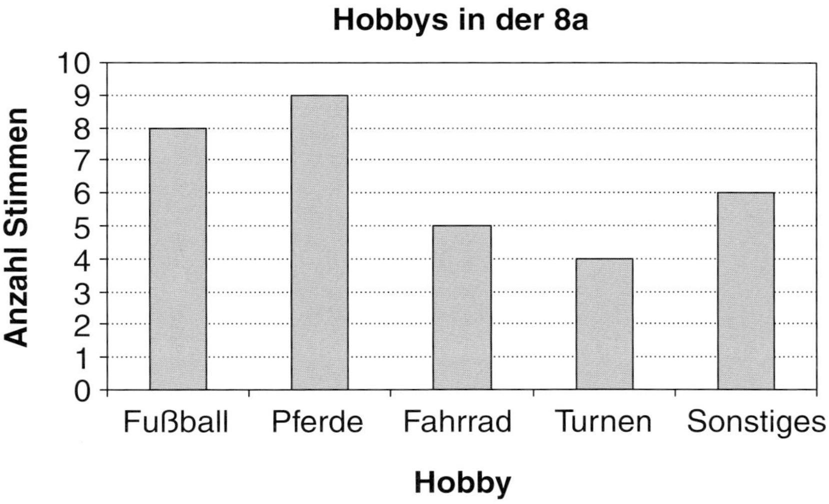

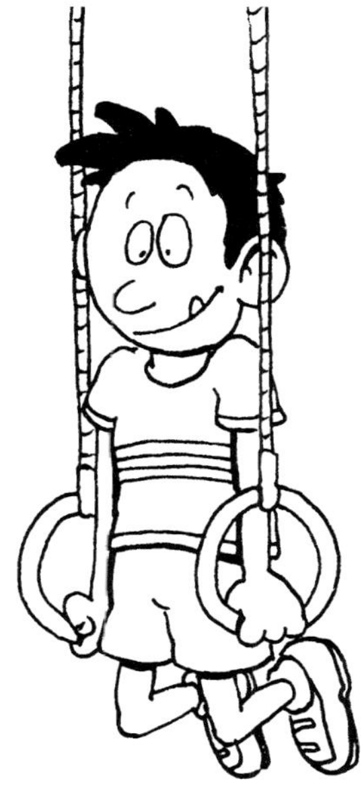

Aufgabe 2

Im Lehrerzimmer der Pestalozzi-Schule wurde nach den beliebtesten Musikrichtungen gefragt. Berechne die jeweilige Anzahl der einzelnen Lehrerstimmen. Insgesamt gibt es 80 Lehrer an der Schule.

Musikrichtung	Rock und Pop	Klassik	Jazz	Volksmusik	Sonstiges
relative Häufigkeit	55 %	22,5 %	12,5 %	7,5 %	2,5 %

Aufgabe 3

Bei einer TED-Umfrage nach dem Zuschauer-Wunschfilm kam es zu folgenden Ergebnissen:

Filmname	Anzahl Stimmen
Herr der Ringe I	32 450
Harry Potter III	36 870
Star Wars II	28 560
Der mit dem Wolf tanzt	12 580

Berechne die relativen Häufigkeiten und stelle diese in einem Kreisdiagramm dar.

Absoluter und relativer Vergleich I

Aufgabe 1

In einer Schule wurden die Klassen 6 und 7 dazu befragt, ob sie beim Fahrradfahren einen Helm tragen. Die Umfrage erbrachte folgendes Ergebnis:

Klassenstufe	tragen einen Helm	tragen keinen Helm
6	12 Schüler	8 Schüler
7	14 Schüler	13 Schüler

a) In welcher Klasse tragen mehr Schüler einen Helm?

b) Berechne den prozentualen Anteil der Helmträger an der Schülerzahl der jeweiligen Stufe.

c) Welche Klassenstufe achtet im Schnitt mehr auf Sicherheit beim Fahrradfahren?

Bei einem* absoluten Vergleich *werden Anzahlen direkt verglichen.

Beispiel: In der 7. Klasse tragen mehr Schüler einen Helm als in der 6. Klasse.

Bei einem* relativen Vergleich *wird der Anteil einer jeweiligen Größe auf den Grundwert bezogen. Dieser Anteil wird oft in Prozent angegeben.

Beispiel: 60 % der 6. Klasse tragen einen Fahrradhelm. Dieser Anteil ist größer als in der 7. Klasse.

Aufgabe 2

In einem Turnverein wurden die jugendlichen Mitglieder gefragt, ob sie in den Sommerferien einen Ferienjob hatten.

Geschlecht	Ferienjob	kein Ferienjob
Mädchen	48	122
Jungen	32	50

a) Welches Geschlecht hatte anzahlmäßig mehr Ferienjobs?

b) Welches Geschlecht war in den Ferien tatsächlich fleißiger?

Aufgabe 3

An drei Schulen wurde eine Erhebung zu den Fehltagen pro Halbjahr durchgeführt.
Berechne den jeweiligen Anteil der Fehltage an jeder Schule. Runde den Prozentsatz immer auf 2 Nachkommstellen.

Anzahl Fehltage	0 Fehltage	1–4 Fehltage	5–10 Fehltage	über 10 Fehltage
Gebrüder-Grimm-Schule	66	70	51	29
A.-Reichwein-Schule	148	290	188	126
Laisbachschule	40	70	20	10

Aufgabe 1

24 Schüler der Klasse 7a (insgesamt 30 Schüler) und 20 Schüler der Klasse 7b (insgesamt 28 Schüler) erhielten bei den Bundesjugendspielen eine Urkunde. Welche der beiden Klassen war erfolgreicher?

Aufgabe 2

Führe eine Umfrage zum Thema Inlineskaten bei den Mädchen und Jungen in eurer Klasse durch und notiere die Ergebnisse in der Tabelle. Berechne auch die entsprechenden Anteile.

Besitzen mehr Jungen oder mehr Mädchen Skates?

Geschlecht	**besitzen Inlineskates**		**besitzen keine Inlineskates**	
	Anzahl	Anteil	Anzahl	Anteil
Mädchen				
Jungen				

Aufgabe 3

In der abgebildeten Tabelle sind die Anteile der Männer und Frauen aufgelistet, die ihren Kaffee mit bzw. ohne Zucker trinken. Aber irgendetwas stimmt hier nicht. Beschreibe den Fehler.

Kaffeetrinker	**mit Zucker**	**ohne Zucker**
Männlich	42 %	68 %
Weiblich	47 %	55 %

Aufgabe 4

Ein Zug (insgesamt 180 Plätze) fährt mit 160 Passagieren von Frankfurt nach München. Ein anderer Zug (280 Plätze) fährt mit insgesamt 170 Passagieren von Hamburg nach Berlin. Welcher Zug ist besser ausgelastet?

Aufgabe 5

In Bellmuth leben 48 000 schulpflichtige Kinder im Alter von 11 bis 16 Jahren. Sie verteilen sich folgendermaßen auf die einzelnen Schulformen:

Wie viele Schüler besuchen die einzelnen Schulformen?

Schulform	**Anteil der Kinder**
Sonderschule	4,8 %
Hauptschule	18,2 %
Realschule	23,4 %
Gesamtschule	21,0 %
Gymnasium	32,6 %

Aufgabe 1

Unten sind einige Tipps zur Durchführung und Auswertung einer Umfrage aufgeführt.
Bringe diese in die richtige Reihenfolge.

A Stellt die Daten in einem Kreisdiagramm oder Säulendiagramm dar.

B Überlegt euch, was gezählt werden soll.

C Notiert entsprechende Striche in der Tabelle.

D Ermittelt die absoluten und relativen Häufigkeiten.

E Legt eine Tabelle an.

Reihenfolge: ______________________________

Aufgabe 2

Führe in deiner Klasse eine Umfrage zum Thema „beliebte Computerspiele" durch.
Benutze dazu die untere Tabelle. Ermittle die absoluten und relativen Häufigkeiten und zeichne ein Kreisdiagramm.

Computerspiel	Actionspiele	Sportspiele	Strategiespiele	Sonstige
Anzahl Stimmen				

Aufgabe 3

Führe in deiner Klasse eine beliebige Umfrage durch. Erstelle dazu eine entsprechende Tabelle, ermittle die absoluten und relativen Häufigkeiten und zeichne ein Säulen- oder Kreisdiagramm!

Mögliche Themen:

- Lieblingslied
- Beliebteste Bücherarten
- Liebste Fußballmannschaft
- Traumberufe
- Lieblingsfach
- Bevorzugte Automarke
- täglicher Fernsehkonsum

Aufgabe 1

An den Schulen in Hakenburg und Gedern wurden Umfragen zum Freizeitverhalten der Schüler durchgeführt.

Lieblingsbeschäftigung	Lesen	Inliner	Fußball
Schule Hakenburg	43	58	72
Schule Gedern	245	136	259

a) In welcher der beiden Schulen geben die meisten Schülerinnen und Schüler sportliche Aktivitäten als ihre Lieblingsbeschäftigung an?

b) Berechne den Anteil der sporttreibenden Schüler.
Welche Schule ist tatsächlich sportlicher?

Aufgabe 2

In der DLRG-Jugendgruppe Frankfurt wurde eine Umfrage nach den beliebtesten Musikstars durchgeführt. Berechne die relativen Häufigkeiten und stelle sie in einem Kreisdiagramm dar.

Runde dabei jeweils auf ganzzahlige Prozentsätze auf.

Name	Britney Spears	Robbie Williams	Madonna	Kylie Minogue	Sonstige
Anzahl der Jugendlichen	44	50	32	29	29

Aufgabe 3

Claras Eltern haben das Taschengeld im letzten Jahr zweimal erhöht. Stelle die Daten so in einem Säulendiagramm dar, dass der Eindruck entsteht, die Taschengelderhöhungen, seien besonders groß ausgefallen.

Datum	März	Juli	Dezember
monatliches Taschengeld in €	12	16	20

Aufgabe 4

Berechne die Anzahl der geschossenen Tore des jeweiligen Fußballers.
Insgesamt hat der FC Hausbach 60 Tore geschossen.

Name	Hauke Müller	Jens Schreiber	Timm Link	Sonstige Spieler
Anteil an den insgesamt geschossenen Toren	38,33 %	30 %	16,67 %	15 %

Aufgabe 1

Die Tabelle gibt an, wie hoch 2005 die monatliche Durchschnittstemperatur in Bonn war.

Monat	Jan.	Feb.	März	April	Mai	Juni	Juli	Aug.	Sept.	Okt.	Nov.	Dez.
Temp. in °C	8	9	9	14	15	18	23	24	19	13	9	7

a) Wann war die Temperatur am höchsten?

b) Wann war die Temperatur am niedrigsten?

c) Berechne die durchschnittliche Jahrestemperatur.

Aufgabe 2

Wie lässt sich der Mittelwert allgemein berechnen? Kreuze an.

☐ alle Werte werden addiert

☐ $\frac{\text{Summe aller Werte}}{\text{Anzahl der Werte}}$

☐ $\frac{\text{Produkt aller Werte}}{\text{Anzahl der Werte}}$

☐ $\frac{\text{höchster Wert} + \text{niedrigster Wert}}{2}$

Aufgabe 3

In der Tabelle siehst du die täglichen Ausgaben von Nico.
Wie viel Euro hat Nico durchschnittlich pro Tag ausgegeben?

Tag	Montag	Dienstag	Mittwoch	Donnerstag	Freitag	Samstag	Sonntag
Betrag in €	4	5	8	16	10	18	6

Aufgabe 4

Die Tabelle zeigt die Fehleranzahl der jeweiligen Schüler beim Diktat.
Wie viele Fehler hat jeder Schüler im Durchschnitt gemacht?

Name	Nina	Jan	Sarah	Marco	Luka	Max	Philipp	Kim	Lilly
Anzahl Fehler	1	2	9	0	1	7	8	5	3

Aufgabe 5

Denke dir selbst eine Tabelle mit Daten aus und tausche diese mit deinem Nachbarn.
Berechnet gegenseitig den Mittelwert eurer Werte.

Aufgabe 1

In der Tabelle siehst du den Ausgang einer Klassenarbeit in der 8c.

Note	1	2	3	4	5	6
Anzahl der Schüler	2	5	7	4	3	1

Unten wurde die Durchschnittsnote ermittelt. Erkläre, wie gerechnet wurde.

$$\text{Durchschnitt} = \frac{2 \cdot 1 + 5 \cdot 2 + 7 \cdot 3 + 4 \cdot 4 + 3 \cdot 5 + 1 \cdot 6}{2 + 5 + 7 + 4 + 3 + 1} = \frac{70}{22} = 3{,}18$$

Aufgabe 2

In einer Stichprobe von n Personen treten die Werte $a_1, a_2, \ldots, a_k$ mit den absoluten Häufigkeiten $n_1, n_2, \ldots, n_k$ auf. Dann gilt für das arithmetische Mittel folgende Formel:

$Am =$ ______________________________

Aufgabe 3

Die Tabelle gibt den Notenspiegel einer Deutscharbeit in der 7. Klasse an.

a) Berechne den Notendurchschnitt der Klassenarbeit

b) Wenn mehr als 50 % aller Schüler eine Note haben, die schlechter als eine Vier ist, müssen in Hessen die Arbeiten wiederholt werden. Trifft dies hier zu?

Note	**Anzahl der Schüler**
1	0
2	3
3	8
4	8
5	6
6	5

Aufgabe 4

In der Klasse 6c wurden die einzelnen Schüler gemessen und die Ergebnisse in der Tabelle festgehalten. Berechne die Durchschnittsgröße der Klasse.

Größe in cm	140	141	142	144	145	148	150	151	152
Anzahl	3	3	4	6	5	4	2	2	1

Aufgabe 1

In den beiden Tabellen wurden die Bestzeiten der Schüler beim Hürdenlauf aufgenommen. Links ist der Zentralwert schon bestimmt worden.

Name	Laufzeit in s
David	23,8
Lars	25,9
Lotta	21,6
Jean	18,4
Susi	27,5
Stefan	26,3
Melanie	19,5
Zentralwert:	**23,8**

Name	Laufzeit in s
Louisa	44,3
Markus	47,5
Eva	41,5
Juliane	39,8
Marcel	39,1
Sebastian	48,1
Jenni	47,6
Zentralwert:	

Bestimme den Zentralwert der zweiten Tabelle.

Aufgabe 2

Ermittle den Zentralwert in beiden Tabellen.

a)

Name	Körpergröße in m
Helmut	1,99
Erika	1,67
Wolfgang	1,81
Gerhard	1,64
Jürgen	1,69
Zentralwert:	

b)

Name	Punkte in Physikarbeit
Christian	30
Johann	40
Marie	22
Justus	50
Victoria	7
Jan	26
Stefanie	42
Zentralwert:	

Aufgabe 3

Kreuze alle richtigen Aussagen an.

a) Der Zentralwert und das arithmetische Mittel sind identisch. ☐

b) Der Zentralwert und der Median sind identisch. ☐

c) Eine Hälfte aller Werte ist kleiner oder genauso groß wie der Zentralwert. ☐

d) Eine Hälfte aller Werte ist größer, kleiner oder genauso groß wie der Zentralwert. ☐

Aufgabe 4

In der Tabelle wurde der Zentralwert bereits angegeben. Beschreibe anhand des Beispiels, wie man den Median bei einer geraden Anzahl von Werten bestimmt.

Name	Größe in m
Claudia	1,70
Birgitt	1,98
Maike	1,65
Andreas	1,72
Steffen	1,69
Alex	1,82
Zentralwert:	**1,71**

Aufgabe 1

Als Spannweite wird die Differenz zwischen dem größten und dem kleinsten Wert bezeichnet. In der Tabelle wird aufgeführt, welche Punktzahl die Schüler von zwei AGs jeweils für eine Hausaufgabe erzielt haben. Berechne die Spannweite der Ergebnisse für jeweils beide Gruppen.

AG I	27	36	29	17	34	41
AG II	26	16	28	24	35	39

Aufgabe 2

a) Berechne jeweils den Mittelwert der Punktzahlen von beiden Gruppen aus Aufgabe 1.

b) Berechne jeweils die Abweichungen vom Mittelwert und notiere sie in der Tabelle.

AG I	Abweichung vom Mittelwert
27	
36	
29	
17	
34	
41	

AG II	Abweichung vom Mittelwert
26	
16	
28	
24	
35	
39	

c) Berechne die mittlere Abweichung für beide Gruppen.

Aufgabe 3

Kreuze alle richtigen Aussagen an.

a) Spannweite, mittlere Abweichung und Mittelwert sind Auswertungsmerkmale einer statistischen Erhebung. ☐

b) Spannweite, mittlere Abweichung und Mittelwert sind identisch. ☐

c) Die Spannweite ist die Differenz zwischen dem größten und dem kleinsten Wert einer Stichprobe. ☐

d) Die mittlere Abweichung gibt die durchschnittliche Abweichung vom Mittelwert an. ☐

Aufgabe 1

Stefan hat 8-mal auf jeweils 9 Kegel geworfen und die Treffer notiert.

a) Berechne die Spannweite.

b) Berechne den Mittelwert.

c) Berechne die mittlere Abweichung.

Aufgabe 2

Jana und Emilia haben beide 6-mal einen Stein aus derselben Höhe fallen gelassen und die Zeit in einer Tabelle notiert.

Jana (Zeit in s)	3,70	3,60	3,90	3,20	3,70	3,50
Emilia (Zeit in s)	3,80	3,80	3,90	3,70	3,20	3,20

a) Berechne die Spannweite.

b) Berechne den Mittelwert.

c) Berechne die mittlere Abweichung.

d) Wer von den beiden hat genauer gemessen?

Aufgabe 3

Helen und Saskia haben Kniffel gespielt und in vier Spielen die angeführten Gesamtpunktzahlen erzielt.

	Spiel 1	**Spiel 2**	**Spiel 3**	**Spiel 4**
Helen	238	347	288	487
Saskia	409	196	300	235

a) Berechne für jede Spielerin den Mittelwert der Gesamtpunktzahl.

b) Berechne jeweils die mittlere Abweichung.

Aufgabe 4

Denke dir eine eigene Tabelle aus und tausche die Ergebnisse mit deinem Nachbarn aus. Berechnet gegenseitig die Spannweite, den Mittelwert und die mittlere Abweichung von euren Werten.

***Die mittlere quadratische Abweichung** wird auch als **Varianz** bezeichnet. Wie bei der mittleren Abweichung wird zunächst die Differenz des jeweiligen Wertes vom Mittelwert ermittelt. Anschließend wird diese Differenz quadriert. Der Mittelwert dieser Quadrate bildet die Varianz.*

Aufgabe 1

In der Tabelle wurden Ergebnisse einer Hausaufgabe in Mathematik zusammengefasst.

Erreichte Punktzahl	Mittelwert	Differenz zum Mittelwert	Quadrat der Differenzen
17			
8			
9			
12	______		
10			
21			
16			
		Varianz:	

a) Berechne den Mittelwert. Trage das Ergebnis in die Tabelle ein.

b) Berechne die Differenz zwischen dem jeweiligen Wert und dem Mittelwert.

c) Berechne die einzelnen quadratischen Abweichungen.

d) Berechne die Varianz, indem du den Mittelwert der quadratischen Abweichungen bildest.

*Wenn man mit Werten rechnet, bei denen eine Maßeinheit angegeben ist, wird bei der Varianz auch diese Einheit quadriert. Um dies wieder rückgängig zu machen, wird aus der mittleren quadratischen Abweichung die Wurzel gezogen. Dies ist die **Standardabweichung**.*

Aufgabe 2

Berechne die Standardabweichung für die Zahlen aus der Tabelle von Aufgabe 1.

Aufgabe 1

Bestimme für folgende Zahlen die Varianz und die Standardabweichung.

a) 17, 26, 31, 45, 49, 61, 63, 74

b) 101, 133, 189, 245, 301, 338, 399, 501,

c) 2309, 1456, 6789, 7809

Aufgabe 2

Ein Firmenwagen wird von 5 Angestellten gefahren. Dabei entstehen die unten aufgeführten Daten für den Benzinverbrauch.

Berechne die Varianz und die Standardabweichung.

Fahrer	Verbrauch (l/100 km)
Peter	8,3
Greta	9,5
Johannes	7,9
Rita	8,8
Dieter	11,2

Aufgabe 3

In einer Feinmechanikerfabrik werden 18 Werkstücke als Stichprobe entnommen und auf ihren Durchmesser (in mm) hin überprüft. Berechne den Mittelwert, die Varianz und die Standardabweichung.

18,01	19,54	18,82	20,23	20,09	18,33	19,5	18,84	18,86
20,23	17,88	18,81	19,94	17,89	17,99	19,66	20,51	19,95

Aufgabe 4

Die untere Tabelle zeigt die einzelnen Körpergrößen der Spieler in einer Basketballmannschaft. Berechne den Mittelwert, die Varianz und die Standardabweichung.

1,99	2,10	2,09	2,19	1,88	1,80	1,96	1,98
2,00	2,05	1,91	2,01	1,79	2,10	1,99	2,07

Aufgabe 5

Denke dir eine eigene Tabelle aus und tausche sie mit deinem Nachbarn aus. Berechnet gegenseitig den Mittelwert, die Varianz und die Standardabweichung eurer Werte.

Der Boxplot ist ein Diagramm, das zur grafischen Darstellung einer Reihe numerischer Daten verwendet wird. Ein Boxplot zeichnet sich durch folgende Eigenschaften aus:

- ***Der waagrechte Strich gibt den Median (Zentralwert) an.***
- ***Die Hälfte aller Ergebnisse liegt innerhalb des Rechtecks – der so genannten Box.***
- ***Ein Viertel der Ergebnisse liegt oberhalb der Box.***
- ***Ein Viertel der Ergebnisse liegt unterhalb der Box.***
- ***Die Endpunkte der senkrechten dünnen Linien geben das Maximum bzw. Minimum an.***
- ***Genaue Anzahlen kann man aus einem Boxplot nicht herauslesen.***

Aufgabe

Der abgebildete Boxplot zeigt den Ausgang einer Biologie-Arbeit. Beantworte folgende Fragen.

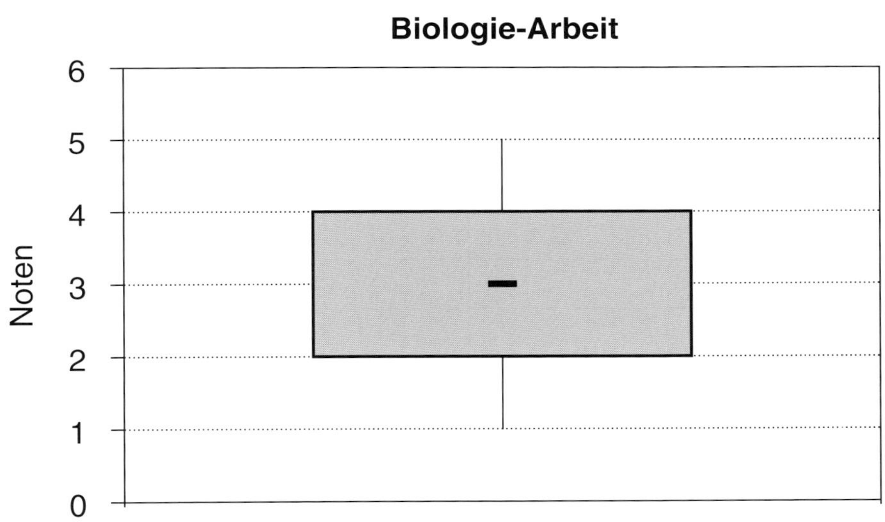

a) Was war die schlechteste Note der Klassenarbeit?

b) Was war die beste Note?

c) Wo lag der Median?

d) Zwischen welchen beiden Noten liegen die meisten Schülerergebnisse?

Aufgabe 1

Der abgebildete Boxplot zeigt den Ausgang einer Vergleichsarbeit in der 7a und in der 7b.

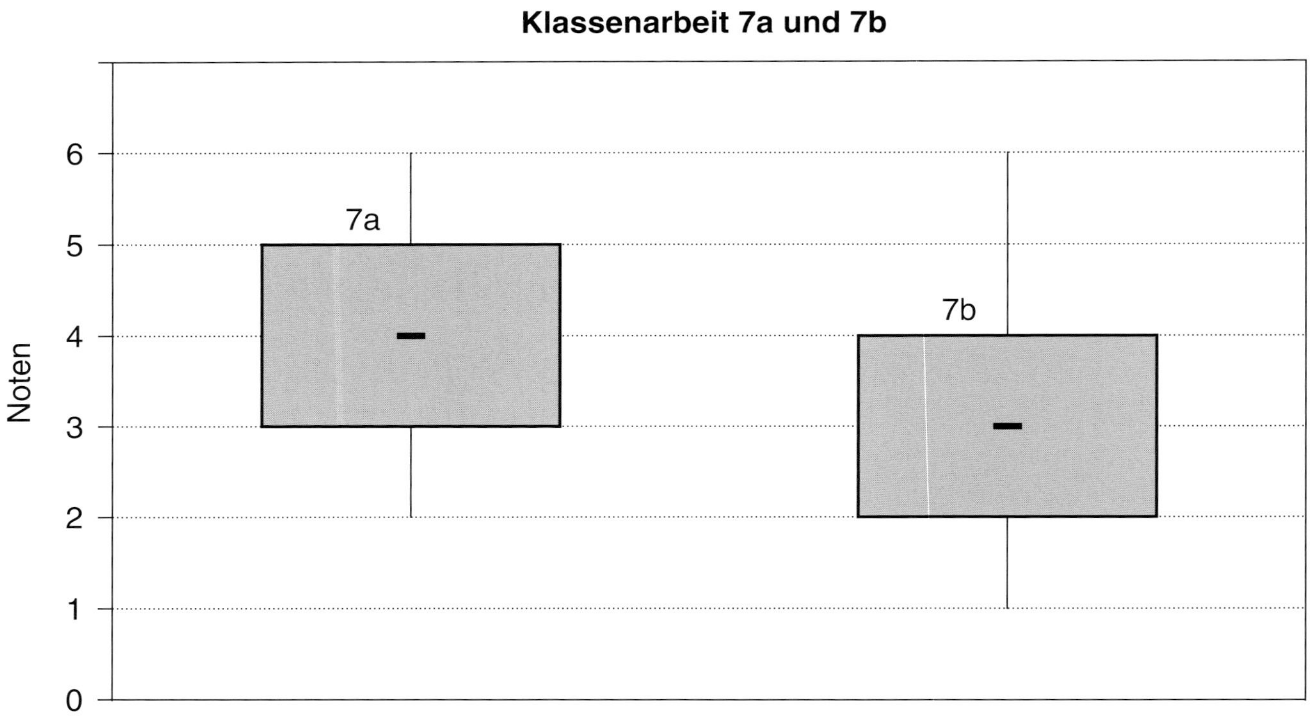

a) Fülle die unten aufgeführte Tabelle anhand der Angaben des Boxplots aus.

b) Welche Klasse hat besser abgeschnitten?

Klasse	schlechteste Note	beste Note	Median	Notenbereich, in dem die meisten Arbeiten liegen
7a				
7b				

Aufgabe 2

Stelle den unten abgebildeten Notenspiegel zu einer Geschichts-Arbeit in einem Boxplot grafisch dar.

Bestimme zunächst den Median, die schlechteste und die beste Note.

Note	1	2	3	4	5	6
Anzahl Schüler	5	3	4	3	3	2

Aufgabe 1

Notiere alle statistischen Maße, die du kennst, und erkläre, wie man sie berechnet.

Aufgabe 2

Ermittle jeweils den Median, die Varianz und die Standardabweichung.

a) 24, 13, 25, 36, 7

b) 124, 387, 377, 444, 99, 186, 457

c) 44, 48, 38, 66, 81, 27

d) 1568, 1890, 3089, 2569, 1207, 3991, 4012, 2889

Aufgabe 3

Die abgebildete Tabelle zeigt den Ausgang einer Klassenarbeit in Latein an.
Berechne den Notendurchschnitt.

Note	1	2	3	4	5	6
Anzahl Schüler	1	3	5	7	3	2

Aufgabe 4

Kreuze alle richtigen Aussagen an.

a) Der Mittelwert ist der Quotient aus der Summe der Werte und der Anzahl der Werte. ☐

b) Der Median ist der Quotient aus der Summe der Werte und der Anzahl der Werte. ☐

c) Die Spannweite ist die Differenz zwischen dem Mittelwert und dem größten Wert. ☐

d) Die Spannweite ist die Differenz zwischen dem kleinsten und dem größten Wert. ☐

Aufgabe 5

Nils, Anja, Jochen und Ingrid spielen Dart und haben die Ergebnisse in einer Tabelle notiert. Bestimme den Mittelwert, den Zentralwert, die Spannweite, die Varianz und die Standardabweichung.

Nils	20	3	0	18	19
Anja	5	13	20	20	16
Jochen	17	1	1	0	19
Ingrid	19	3	17	0	19

Aufgabe 1

Der Median aus der in der Tabelle aufgeführten Stichprobe beträgt 25.
Wie groß ist der fehlende Wert?

30	32	26		21	23

Aufgabe 2

Herr Breitner hat für das vergangene Jahr sämtliche Telefonkosten in einer Tabelle zusammengefasst. Ermittle den Zentralwert und die durchschnittliche monatliche Telefongebühr.

Januar	**Februar**	**März**	**April**	**Mai**	**Juni**
47,80 €	39,60 €	55,20 €	53,10 €	41,83 €	80,76 €
Juli	**August**	**September**	**Oktober**	**November**	**Dezember**
36,60 €	63,99 €	56,80 €	69,80 €	56,23 €	61,20 €

Aufgabe 3

Kreuze alle richtigen Aussagen an.

a) Die Quadratwurzel aus der Spannweite ist die Standardabweichung. ☐

b) Die Quadratwurzel aus der Varianz ist die mittlere quadratische Abweichung. ☐

c) Die Varianz ist der Quotient aus der Summe der quadratischen Abweichungen und dem Umfang der Stichprobe. ☐

d) Die Varianz ist der Quotient aus der Summe der Differenzen zum Mittelwert und dem Umfang der Stichprobe. ☐

Aufgabe 4

Ein abgepacktes Stück Fleisch soll laut Herstellerangaben genau 2 kg wiegen. Ein Kontroll-Team vom Verbraucherschutz hat eine Stichprobe erhoben und folgende Gewichte (in g) ermittelt.

1987	2040	2000	1886	1965	1899	1995	1908	1954

Berechne den Mittelwert, die Varianz und die Standardabweichung.

Aufgabe 1

In einem Restaurant gibt es verschiedene Menü-Angebote.

Menü

Vorspeise	Hauptgericht	Dessert
Tomatensuppe	Rumpsteak	Gemischtes Eis
Hühnersuppe	Jägerschnitzel	Schokopudding

a) Zeichne ein Baumdiagramm, in dem die verschiedenen Menü-Zusammenstellungen dargestellt werden.

b) Bestimme mithilfe des Baumdiagramms, wie viele verschiedene Menü-Zusammenstellungen es gibt.

c) Die Anzahl der möglichen Menüs lässt sich rechnerisch bestimmen. Kreuze den richtigen Rechenweg an.

☐ $2 + 2 + 2$ ☐ $2 \cdot 2 \cdot 2 = (2^3)$ ☐ $(2 + 2) \cdot 3$

Aufgabe 2

Aus einer Menge mit n Elementen wird k-mal mit Zurücklegen gezogen. Mithilfe welcher Formel wird die Anzahl der verschiedenen Ziehungsergebnisse berechnet, wenn die Reihenfolge berücksichtigt werden soll?

☐ $n - k$ ☐ $n \cdot k$ ☐ n^k ☐ $n + k$ ☐ k^n

Aufgabe 3

Auf einer anderen Speisekarte gibt es ...

a) 6 Vorspeisen, 6 Hauptspeisen und 6 verschiedene Sorten Nachtisch.
Wie viele verschiedene Menüzusammenstellungen gibt es?

b) 3 Vorspeisen, 5 Hauptspeisen und 2 verschiedene Sorten Nachtisch.
Wie viele verschiedene Menüzusammenstellungen gibt es?

Aufgabe 4

Ein Pkw-Händler bietet für einen Autotyp drei verschiedene Motortypen an: 90 PS, 120 PS und 150 PS. Er fertigt das Modell in den Farben schwarz, rot und blau an. In wie vielen verschiedenen Ausführungen kann der Wagen angeboten werden?

Aufgabe 1

Jacob hat 6 Hosen, 8 T-Shirts und 3 Jacken in seinem Kleiderschrank. Wie viele verschiedene Kombinationsmöglichkeiten gibt es für ein Outfit aus Hose, T-Shirt und Jacke?

Aufgabe 2

Wie viele verschiedene vierstellige Zahlen kann man aus den Ziffern 5, 6, 7 und 8 bilden, wenn Wiederholungen von Ziffern erlaubt sind?

Aufgabe 3

Marie denkt sich Wörter aus vier Buchstaben aus. Wie viele verschiedene Wörter kann sie aus dem Alphabet bilden, wenn sie auch Wiederholungen von Buchstaben erlauben will? Ob die gebildeten Wörter einen Sinn ergeben, spielt für sie keine Rolle.

Aufgabe 4

In einem Bezirk sind die Telefonnummern sechsstellig. Für wie viele Anschlüsse reichen die Telefonnummern aus? Bedenke, dass am Anfang der Ortswahl keine Null stehen darf.

Aufgabe 5

Aus den beiden abgebildeten Gefäßen wird jeweils eine Kugel gezogen. Wie viele Möglichkeiten gibt es für ein gezogenes Kugel-Paar?

Aufgabe 6

Fina hat an ihrem Koffer ein dreistelliges Zahlenschloss.
Wie viele verschiedene Zahlkombinationen gibt es?

Aufgabe 7

Ein Würfel wird 3-mal hintereinander geworfen. Wie viele verschiedene Wurfergebnisse gibt es, wenn man die Reihenfolge der einzelnen Würfe berücksichtigt?

Aufgabe 1

Aus den Ziffern 1, 2, 3, 4, 5 und 6 sollen vierstellige Zahlen gebildet werden, bei denen keine Ziffer doppelt vorkommt.

a) Nenne drei Beispiele für Zahlen, die dafür infrage kommen.

b) Wie viele Möglichkeiten gibt es für die Besetzung der 1. Stelle?

c) Wie viele Möglichkeiten gibt es für die Besetzung der 2. Stelle?

d) Wie viele Möglichkeiten gibt es für die Besetzung der 3. Stelle?

e) Wie viele Möglichkeiten gibt es für die Besetzung der 4. Stelle?

f) Wie viele verschiedene Ziffern können insgesamt gebildet werden?

Aufgabe 2

Aus einer Menge mit n Elementen wird k-mal ohne Zurücklegen gezogen. Mit welcher Formel lässt sich die Anzahl der verschiedenen Ziehungsergebnisse berechnen? Kreuze an.

a) n^k ☐

b) $n \cdot k$ ☐

c) $n \cdot (n-1) \cdot (n-2) \cdot \ldots \cdot (n-(k-1))$ ☐

d) $n! - k!$ ☐

Aufgabe 3

Wie viele verschiedene Wörter, die aus 5 Buchstaben bestehen, kann man aus den Buchstaben des Alphabets bilden, wenn jeder Buchstabe nur einmal vorkommen darf? Ob die Wörter einen Sinn ergeben, spielt dabei keine Rolle.

Aufgabe 4

6 Mädchen wollen ein Skirennen durchführen. Wie viele Möglichkeiten haben die Mädchen, die ersten 3 Plätze zu belegen? Die Reihenfolge soll nicht berücksichtigt werden.

Aufgabe 5

In einer Urne befinden sich 9 verschiedene Kugeln. Es werden 5 Kugeln hintereinander ohne Zurücklegen gezogen. Wie viele Möglichkeiten der verschiedenen Ziehungsergebnisse gibt es, wenn die Reihenfolge wichtig ist?

Aufgabe 6

Bei der Volksbank Nidda haben alle Konten eine siebenstellige Nummer.

a) Wie viele verschiedene Kontonummern gibt es, wenn jede Ziffer nur einmal vorkommen darf?

b) Wie viele verschiedene Kontonummern gibt es, wenn jede Ziffer beliebig oft vorkommen darf?

Aufgabe 1

Aus einer Gruppe von 5 Schülern (Yannik, Lea, Johannes, Evi und Julia) sollen 3 für die Wahl des Klassensprechers vorgeschlagen werden.

a) Nenne 4 beliebige Auswahlmöglichkeiten.

b) Wie viele Möglichkeiten gibt es, 3 Personen aus einer Gruppe mit 5 Personen auszuwählen, wenn die Reihenfolge wichtig ist, aber keine Wiederholung zugelassen wird?

c) Bei der Berechnung wird unterschieden zwischen dem Ausgang „Yannik, Evi und Julia“ und „Evi, Julia, Yannik“. Ist dies in Bezug auf die Aufgabe sinnvoll?

d) Wie viele verschiedene Möglichkeiten gibt es, ein und dieselbe Dreiergruppe in unterschiedlichen Reihenfolgen darzustellen?

e) Wie viele Möglichkeiten gibt es, von den 5 Schülern 3 für die Klassensprecherwahl auszuwählen?

Aufgabe 2

Aus einer Urne mit 7 Kugeln werden 4 Kugeln gezogen. Die Reihenfolge soll dabei keine Rolle spielen. Wie viele verschiedene Ziehungsmöglichkeiten gibt es? Kreuze die richtige Rechnung an.

a) $7 \cdot 6 \cdot 5 \cdot 4 = 840$ ☐

b) $7 + 6 + 5 + 4 = 22$ ☐

c) $\dfrac{7 \cdot 6 \cdot 5 \cdot 4}{4 \cdot 3 \cdot 2 \cdot 1} = 35$ ☐

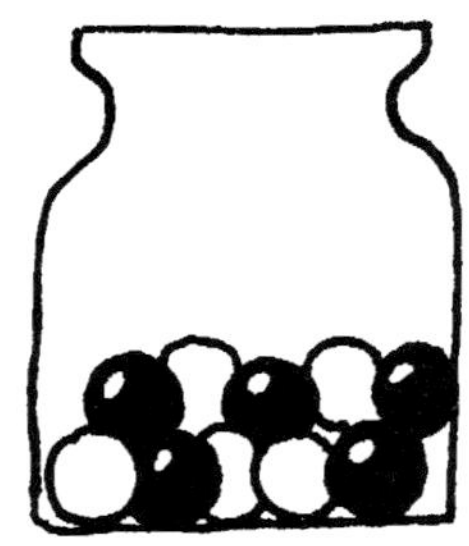

Aufgabe 3

Bei einem Wettlauf beteiligen sich 8 Läufer. In einem Wettbüro kann man einen Tipp für die drei schnellsten Läufer ohne Berücksichtigung der Reihenfolge abgeben. Wie viele Möglichkeiten gibt es?

Aufgabe 4

Melanie darf sich im Eiscafé von 9 verschiedenen Eissorten 2 Kugeln aussuchen. Sie will aber keine Eissorte doppelt nehmen. Wie viele Möglichkeiten hat Melanie?

Aufgabe 5

Beim Zahlenlotto werden aus 49 Kugeln 6 Kugeln gezogen.

a) Wie viele verschiedene Tipps sind möglich?

b) Wie groß ist die Wahrscheinlichkeit für 6 Richtige?

Für das Produkt von aufeinanderfolgenden natürlichen Zahlen 1 bis x gilt die Schreibweise:

$$x \cdot (x-1) \cdot (x-2) \cdot \ldots \cdot 1 = x! \quad \text{(gelesen: x Fakultät).}$$

Beispiel:

$$4! = 4 \cdot 3 \cdot 2 \cdot 1 = 24$$

Aufgabe 1

Berechne die Fakultäten.

a) $6!$ b) $10!$ c) $20!$ d) $3! \cdot 4!$ e) $\frac{5!}{3!}$ f) $\frac{8!}{(5-3)!}$

Für die Auswahlmöglichkeiten von k Elementen aus einer Menge mit n Elementen, bei denen die Reihenfolge nicht berücksichtigt wird und jedes Element nur einmal enthalten sein darf, gilt die Formel:

$$\binom{n}{k} = \frac{n!}{k! \cdot (n-k)!}$$

Der Ausdruck $\binom{n}{k}$ (gesprochen: n über k) wird als Binomialkoeffizient bezeichnet

Aufgabe 2

Berechne die Werte der Binomialkoeffizienten.

a) $\binom{6}{3}$ b) $\binom{10}{4}$ c) $\binom{50}{48}$ d) $\binom{32}{16}$ e) $\binom{4}{1}$

Aufgabe 3

Bei einem Lottospiel werden 5 Kugeln aus insgesamt 35 Kugeln gezogen. Wie viele verschiedene Ziehungsausgänge gibt es? Berechne den zugehörigen Binomialkoeffizienten.

Aufgabe 4

Bei einem Kegelspiel sind alle Kegel beschriftet (K1, K2, ..., K9). Wie viele Möglichkeiten gibt es, dass 1 Kegel, 3 Kegel, 5 Kegel, 7 Kegel, 8 Kegel und 9 Kegel umfallen? Notiere die jeweiligen Binomialkoeffizienten und berechne deren Werte.

Aufgabe 1

In einer Lostrommel befinden sich 10 nummerierte Lose. Man darf 4 Lose ziehen.
Wie viele verschiedene Ziehungen sind möglich, wenn die Reihenfolge keine Rolle spielt?

Aufgabe 2

In einem Möbelhaus gibt es 4 verschiedene Sofas, 5 Sessel und 7 Couch-Tische.
Wie viele Möglichkeiten gibt es für eine Kombination aus Sofa, Sessel und Couch-Tisch?

Aufgabe 3

Bei der 11er-Wette müssen auf 11 Spielpaarungen die Tipps 1 (Heimsieg), 2 (Auswärtssieg) oder 0 (Remis) abgegeben werden. Wie viele verschiedene Tipps gibt es insgesamt?

Aufgabe 4

Eine Münze wird 12-mal geworfen. Wie viele verschiedene Ergebnisse sind möglich, wenn die Reihenfolge beachtet werden soll?

Aufgabe 5

Von 20 Kindern der B-Jugend beim KSV Bergstedt sollen 3 Spieler für die Kreisauswahl bestimmt werden. Wie viele verschiedene Auswahlmöglichkeiten kommen infrage?

Aufgabe 6

Stefan, Sebastian, Marc und Jule laufen um die Wette.
Wie viele verschiedene Platzierungen sind möglich?

Aufgabe 7

Paul steht im Getränkemarkt und will unter 8 alkoholfreien Biersorten 4 verschiedene Sorten auswählen. Wie viele Möglichkeiten hat er?

Aufgabe 8

Jenni wurde von ihrer Patentante zum Italiener eingeladen. Sie darf sich eine Pizza mit 3 verschiedenen Sorten Belag aussuchen. Es gibt Tomaten, Mozzarella, Schinken, Salami, Mais, Champignons, Thunfisch, Ananas, Oliven, Zwiebeln, Artischocken und Paprika. Sie ist Vegetarierin. Wie viele Auswahl-Möglichkeiten hat sie für ihre Pizza, wenn sie keinen Belag doppelt nehmen will?

Aufgabe 1

Hannes und Jacob streiten sich um das Fernsehprogramm. Ihre Mutter schlägt vor, den Zufall entscheiden zu lassen. Sie hat drei Ideen:

- eine Münze werfen
- würfeln
- eine Spielfigur werfen

Beantworte folgende Fragen:

a) Wie könnte die Durchführung der drei Versuche genau aussehen?

b) Welche Versuche hältst du für fair? Begründe deine Entscheidung.

Aufgabe 2

Fülle die Lücken, indem du den Aussagen die richtigen Begriffe zuordnest.

a) Wenn bei einem Zufallsversuch alle Ergebnisse die gleiche Wahrscheinlichkeit haben, spricht man von einer ______________ .

b) Bei jedem Zufallsversuch können verschiedene ______________ auftreten, z. B. beim Werfen eines Würfels die Augenzahl 2.

c) Das Werfen eines Würfels oder einer Münze und das Lottospiel werden als ______________ bezeichnet. Der Ausgang des Versuches ist vorher nicht bekannt.

Zufallsversuch | Chancengleichheit | Ergebnisse

Aufgabe 3

a) Gib zu jedem Zufallsversuch mögliche Ergebnisse an.

- Werfen einer Münze
- Werfen einer Reißzwecke
- Drehen am Glücksrad
- Ziehen einer Spielkarte
- Werfen eines Weinkorkens
- Werfen eines Würfels

b) Bei welchen Versuchen tritt eine Gleichverteilung der Ergebnisse auf?

Aufgabe 4

Denke dir selber einige Zufallsversuche aus. Tausche deine Ergebnisse mit deinem Nachbarn aus. Überprüft gegenseitig:

a) Welche Ergebnisse sind möglich?

b) Besteht eine Gleichverteilung?

Aufgabe 1

Würfle 10-mal mit 2 Würfeln. Betrachte jeweils die Augensumme der beiden Würfel.

a) Notiere alle 10 Ergebnisse in einer Tabelle.

b) Notiere alle 10 Ergebnisse in einem Säulendiagramm.

c) Welche Ergebnisse kamen bei dir am häufigsten vor?

Aufgabe 2

Spiele mit deinem Nachbarn folgendes Spiel: Der erste Spieler zieht aus einem Skatblatt (32 Karten) 3 Karten, notiert das Ergebnis und legt die Karten in den Stapel zurück. Schreibt jeweils nur auf, wie viele rote und wie viele schwarze Karten gezogen wurden. Anschließend werden die Karten gemischt und der nächste Spieler ist an der Reihe. Der Vorgang wird wiederholt, bis ein Spieler in einem Zug 3 rote Karten zieht und so das Spiel gewinnt. Untersucht die einzelnen Ziehungsergebnisse und beantwortet folgende Fragen.

a) Wie oft kam jeder Spieler bis zum Spielende dran?

b) Welche Farbkombination kam in einem 3er-Zug am häufigsten vor?

Aufgabe 3

Bei einem Schulfest werden an einem Stand drei Spiele angeboten:

Spiel 1: 20 Karten, die von 1 bis 20 nummeriert sind, liegen verdeckt auf dem Tisch. Jeder Spieler darf einmal ziehen. Er gewinnt, wenn er eine ungerade Zahl zieht.

Spiel 2: 10 Karten, die von 1 bis 10 nummeriert sind, liegen verdeckt auf dem Tisch. Ein Spieler gewinnt, wenn er eine Zahl zieht, die durch 2 teilbar ist.

Spiel 3: Auf dem Tisch liegen 15 Karten, die von 1 bis 15 nummeriert sind. Wer eine Zahl zieht, die durch 3 oder 4 teilbar ist, gewinnt das Spiel.

a) Fertigt in der Klasse entsprechende Karten an und stellt die drei Spiele nach. Führt jeden Zufallsversuch 10-mal durch und notiert die Ergebnisse.

b) Diskutiert folgende Frage: Bei welchem Spiel sind die Gewinnchancen am größten und bei welchem am geringsten?

Aufgabe 4

Auf dem Jahrmarkt kann man Kugeln aus einer Urne ziehen. Urne A enthält 5 Kugeln, darunter sind 2 Gewinne. Urne B enthält 15 Kugeln, von denen 5 Gewinne sind. An welcher Urne würdest du dein Glück versuchen? Begründe deine Entscheidung.

Aufgabe 1

Wenn der Zeiger des Glücksrades auf einem grauen Feld landet, wird ein Gewinn ausgezahlt.

A B

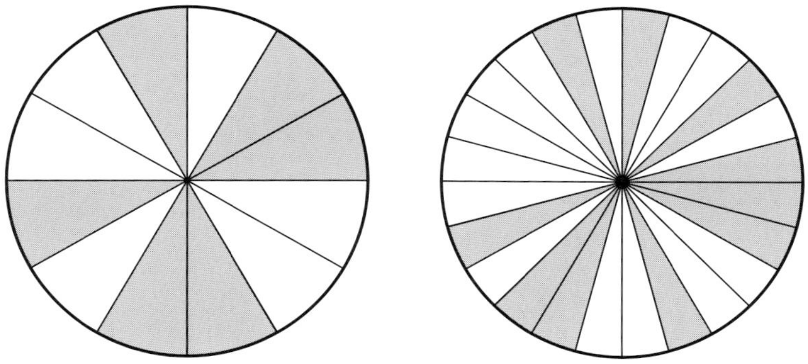

a) Wie viele günstige Felder gibt es bei Glücksrad A und wie viele bei Glücksrad B?

b) Notiere für beide Glücksräder, wie groß der Anteil der günstigen Felder an der Gesamtanzahl der Felder ist.

c) Bei welchem Glücksrad würdest du drehen?

Aufgabe 2

Welche Aussage für die Berechnung von Wahrscheinlichkeiten ist richtig?
Kreuze die wahren Aussagen an.

a) Die Anzahl der günstigen Ergebnisse eines Zufallsversuches gibt auch gleichzeitig die Wahrscheinlichkeit der günstigen Ergebnisse an. ☐

b) Wahrscheinlichkeiten lassen sich vorher nicht berechnen, alles hängt nun mal vom Zufall ab. ☐

c) Wahrscheinlichkeit des günstigen Ereignisses $= \dfrac{\text{Anzahl der günstigen Ergebnisse}}{\text{Anzahl aller möglichen Eregbnisse}}$ ☐

Aufgabe 3

Du wirfst eine Münze. Als Ergebnis kann Zahl oder Wappen herauskommen. Wie groß ist die Wahrscheinlichkeit, beim einmaligen Werfen Zahl zu werfen?

Aufgabe 1

Wenn der Zeiger der abgebildeten Glücksräder auf einem grauen Feld landet, hast du gewonnen. Berechne für jedes Glücksrad die Wahrscheinlichkeit für einen Gewinn.

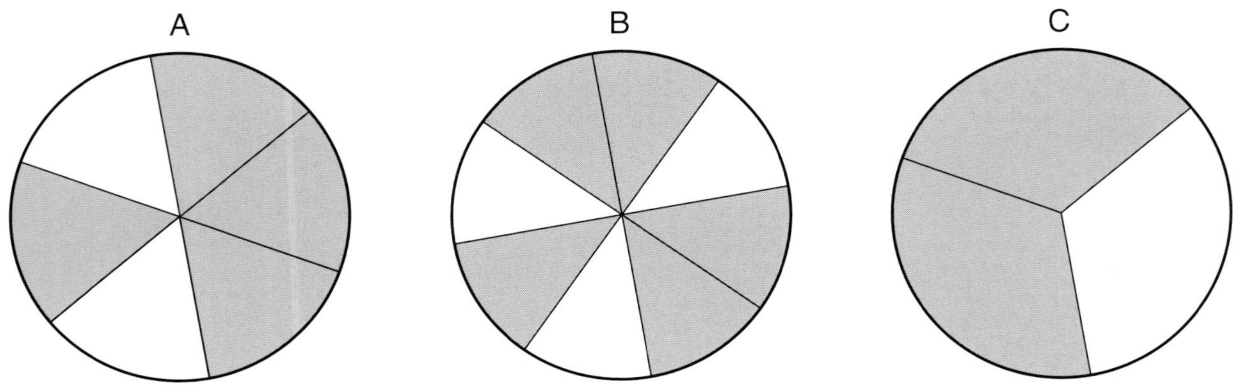

Aufgabe 2

Ein Würfel wird einmal geworfen. Notiere für die folgenden Ereignisse alle günstigen Ergebnisse und berechne jeweils die Wahrscheinlichkeit.

a) die Augenzahl ist 6

b) die Augenzahl ist 3 oder 4

c) die Augenzahl ist ungerade

d) die Augenzahl ist größer als 6

e) die Augenzahl ist größer als 1

f) die Augenzahl ist eine Primzahl

Aufgabe 3

Notiere zunächst alle günstigen Ergebnisse und berechne danach die jeweilige Wahrscheinlichkeit beim einmaligen Werfen zweier Würfel,

a) die Augensumme 8 zu werfen.

b) die Augensumme 12 zu werfen.

Aufgabe 1

Aus einem Skatblatt (32 Karten) wird eine Karte gezogen. Notiere jeweils für die angegebenen Ereignisse alle günstigen Ergebnisse. Berechne anschließend die jeweiligen Wahrscheinlichkeiten.

a) Der Kreuzkönig wird gezogen.

b) Eine Dame wird gezogen.

c) Ein Bild (Bube, Dame, König) wird gezogen.

d) Eine schwarze Karte wird gezogen.

e) Ein Herz-Bild wird gezogen.

f) Eine ungerade Zahl wird gezogen.

g) Es wird keine Pik-Karte gezogen.

h) Es wird nicht der Kreuzbube gezogen.

Aufgabe 2

Beim Kirchenbasar gibt es zwei Lostrommeln. Die erste Trommel enthält 120 Lose, von denen 88 Lose eine Niete sind. In der zweiten Trommel befinden sich 200 Lose. Davon sind 58 Lose ein Gewinn. Berechne für beide Lostrommeln die jeweiligen Gewinnchancen. Bei welcher Lostrommel würdest du ziehen?

Aufgabe 3

Beim Lottospiel werden 6 Kugeln aus insgesamt 49 gezogen. Wie groß ist die Wahrscheinlichkeit, dass die erste Kugel ...

a) eine einstellige Zahl ist?

b) größer als 40 ist?

c) eine Primzahl ist?

d) eine Zahl mit zwei gleichen Ziffern ist?

Aufgabe 4

Zwei Münzen werden gleichzeitig geworfen.
Wie groß ist die Wahrscheinlichkeit, dass ...

a) bei beiden Münzen Zahl geworfen wird?

b) eine Münze Zahl und die andere Wappen zeigt?

Aufgabe 5

Beschreibe einen Zufallsversuch und denke dir passende Ereignisse aus. Tausche deine Überlegungen mit deinem Nachbarn aus und berechne die Wahrscheinlichkeiten zu den Ereignissen.

Aufgabe 1

Ein Würfel wird einmal geworfen. Kreuze an, was das Gegenereignis zum Ereignis „Die Augenzahl ist kleiner als 3." ist.

a) Die Augenzahl ist nicht 3. ☐

b) Die Augenzahl ist 2. ☐

c) Die Augenzahl ist größer als 3. ☐

d) Die Augenzahl ist größer oder gleich 3. ☐

Aufgabe 2

Formuliere jeweils das Gegenereignis.

a) Beim einmaligen Würfeln ist die Augenzahl größer als 4.

b) Beim einmaligen Ziehen aus einem Skatblatt wird eine rote Karte gezogen.

c) Die beiden Augenzahlen beim Würfeln mit 2 Würfeln sind nicht gleich.

Aufgabe 3

Die Wahrscheinlichkeit für ein Ereignis ist 0,25. Kreuze die richtigen Aussagen an:

a) Die Wahrscheinlichkeit des Gegenereignisses ist auch 0,25. ☐

b) Die Wahrscheinlichkeit des Gegenereignisses ist 0,75. ☐

c) Die Wahrscheinlichkeit des Gegenereignisses lässt sich nicht aus der Wahrscheinlichkeit des Ereignisses bestimmen. ☐

d) Die Wahrscheinlichkeit des Gegenereignisses ist (1 – Wahrscheinlichkeit des Ereignisses). ☐

Aufgabe 4

Fülle die Tabelle aus.

Wahrscheinlichkeit eines Ereignisses	0,3	0,5			0
Wahrscheinlichkeit des Gegenereignisses			0,85	0,01	

Aufgabe 5

Ann-Kristin fragt ihren Vater: Wie groß ist die Wahrscheinlichkeit, dass 2 Menschen, die sich begegnen, am gleichen Tag Geburtstag haben? Die Jahreszahl wird dabei nicht berücksichtigt. Bearbeite die folgenden Aufgaben, um Ann-Kristins Frage zu beantworten.

a) Formuliere das Gegenereignis.

b) Wie viele Möglichkeiten gibt es für das Geburtsdatum der ersten Person?

c) Wie viele Möglichkeiten bleiben im Falle des Gegenereignisses noch für die zweite Person?

d) Wie viele (für das Gegenereignis) günstige Möglichkeiten gibt es also?

e) Wie viele Möglichkeiten gibt es insgesamt?

f) Bestimme die Wahrscheinlichkeit des Gegenereignisses.

g) Bestimme die Wahrscheinlichkeit des Ereignisses aus Ann-Kristins Frage.

Aufgabe 1

Ein Würfel wird 2-mal hintereinander geworfen. Die möglichen Ergebnisse sollen im abgebildeten Baumdiagramm dargestellt werden.

a) Vervollständige das Diagramm.
Wie viele verschiedene Ergebnisse gibt es?

b) Wie groß ist die Wahrscheinlichkeit, beim ersten Wurf eine Eins zu würfeln?

c) Wie groß ist die Wahrscheinlichkeit, erst eine Eins und dann eine Zwei zu würfeln?

d) Notiere im Baumdiagramm die Wahrscheinlichkeiten für jeden möglichen Versuchsausgang.

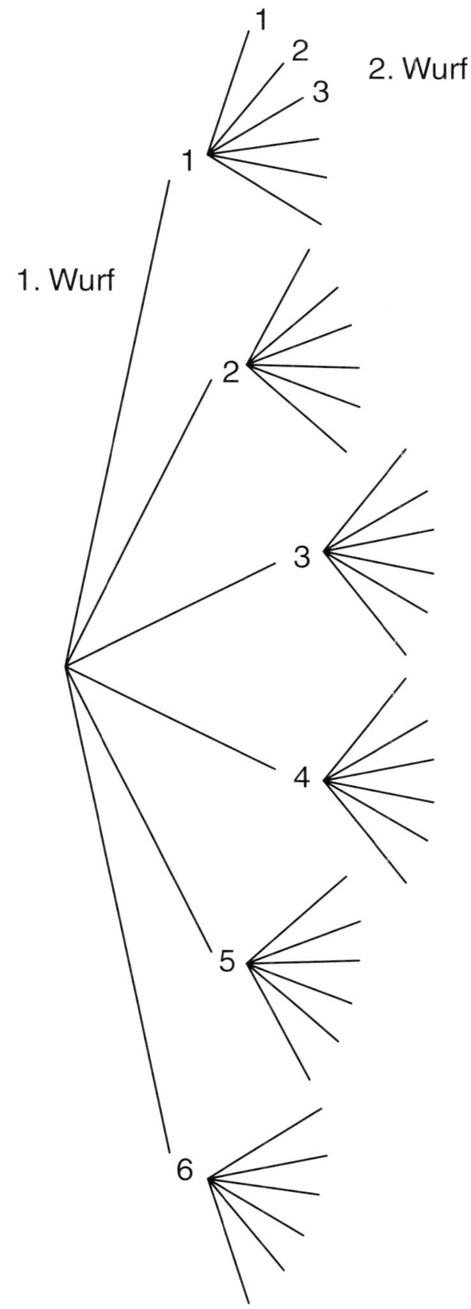

Aufgabe 2

Beantworte die unten aufgeführten Fragen.

Du kannst dich auch in einem Mathebuch oder im Internet informieren.

a) Was ist ein mehrstufiges Zufallsexperiment?

b) Wofür werden Baumdiagramme innerhalb der Wahrscheinlichkeitsrechnung benutzt?

Aufgabe 1

Aus einem Skatblatt wird zweimal hintereinander je eine Karte gezogen. Wie groß ist die Wahrscheinlichkeit, dass ...

a) beim ersten Zug eine rote Karte gezogen wird (p_1)?

b) anschließend wieder eine rote Karte gezogen wird (p_2)?

Notiere die 6 gesuchten Wahrscheinlichkeiten am Baumdiagramm. Beachte, dass nach dem ersten Ziehen nur noch 31 Karten im Spiel sind.

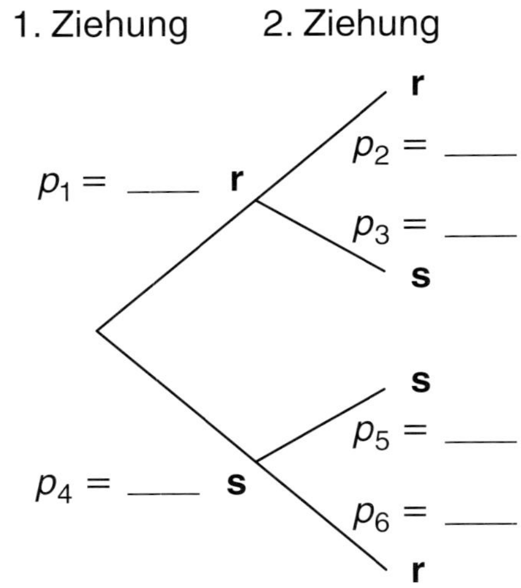

r = rote Karte
s = schwarze Karte

Aufgabe 2

Kreuze die richtige Aussage an.

Man erhält die Wahrscheinlichkeiten für ein Ergebnis (z. B. „erst rot, dann schwarz") indem man ...

a) die Wahrscheinlichkeit auf dem letzten Pfad des Ergebnisses abliest. ☐

b) die Wahrscheinlichkeiten entlang dem dazugehörigen Pfad multipliziert. ☐

Aufgabe 3

a) Man gewinnt, wenn man beim obigen Zufallsversuch zwei rote Karten hintereinander gezogen hat. Berechne die Gewinnwahrscheinlichkeit für dieses Ereignis.

b) Bei einer anderen Variante gewinnt man, wenn man mindestens eine rote Karte gezogen hat. Berechne die Gewinnwahrscheinlichkeit für dieses Ereignis.

Aufgabe 4

Vervollständige die Aussage:

Besteht ein Ereignis aus mehreren Ergebnissen, so berechnet man für jedes zugehörige Ergebnis die Wahrscheinlichkeiten und _______________ diese Wahrscheinlichkeiten.

Aufgabe 1

Eine Münze wird 3-mal hintereinander geworfen.

a) Notiere die einzelnen 14 Wahrscheinlichkeiten an die Pfade des Baumdiagrammes.

b) Wie groß ist die Wahrscheinlichkeit, dass 3-mal hintereinander Zahl fällt?

c) Wie groß ist die Wahrscheinlichkeit, dass mindestens zweimal Wappen fällt?

d) Wie groß ist die Wahrscheinlichkeit, dass Wappen überhaupt nicht fällt?

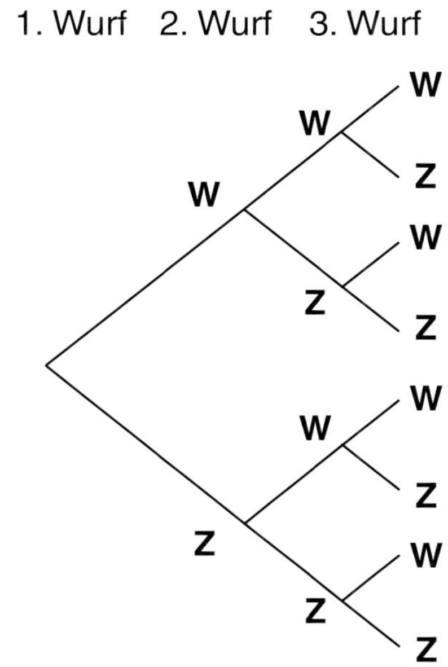

W = Wappen
Z = Zahl

Aufgabe 2

In einem Behälter sind 3 rote und 2 blaue Kugeln. Es werden nacheinander zwei Kugeln ohne Zurücklegen gezogen.

a) Notiere die einzelnen 6 Wahrscheinlichkeiten an die Pfade des Baumdiagrammes.

b) Wie groß ist die Wahrscheinlichkeit, dass 2 blaue Kugeln gezogen werden?

c) Wie groß ist die Wahrscheinlichkeit, dass 2 rote Kugeln gezogen werden?

d) Wie groß ist die Wahrscheinlichkeit, dass eine rote Kugel und eine blaue Kugel gezogen werden?

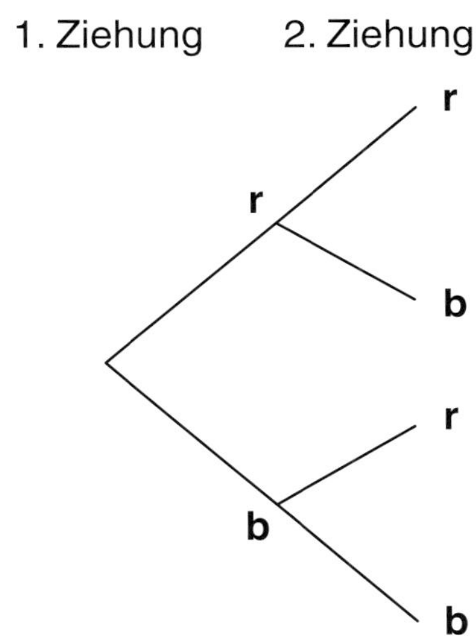

r = rot
b = blau

Aufgabe 1

Bei einer Spielgeld-Münze fällt Wappen mit einer Wahrscheinlichkeit von 0,4. Die Münze wird zweimal geworfen.

a) Wie groß ist die Wahrscheinlichkeit, dass zweimal hintereinander Zahl fällt? Zeichne ein Baumdiagramm und notiere die einzelnen Wahrscheinlichkeiten.

b) Wie groß ist die Wahrscheinlichkeit, dass zweimal hintereinander Wappen fällt?

c) Wie groß ist die Wahrscheinlichkeit, dass keine Zahl fällt?

d) Wie groß ist die Wahrscheinlichkeit, dass Wappen höchstens einmal fällt?

Aufgabe 2

Aus einem Skatspiel werden drei Karten hintereinander gezogen. Nach jedem einzelnen Zug wird die Karte wieder in den Stapel zurückgelegt.

a) Wie groß ist die Wahrscheinlichkeit, dass 3-mal hintereinander ein Ass gezogen wird? Zeichne ein entsprechendes Baumdiagramm in dein Heft und notiere die einzelnen Wahrscheinlichkeiten.

b) Wie groß ist die Wahrscheinlichkeit, dass kein Ass gezogen wird?

c) Wie groß ist die Wahrscheinlichkeit, dass mindestens ein Ass gezogen wird?

d) Wie groß ist die Wahrscheinlichkeit, dass höchstens 2 Asse gezogen werden?

Aufgabe 3

Die abgebildeten Glücksräder werden gleichzeitig gedreht.

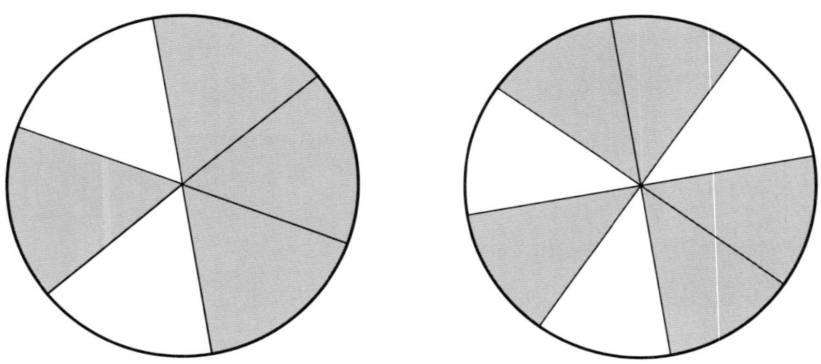

Mit welcher Wahrscheinlichkeit ...

a) bleiben beide Glücksräder auf Schwarz stehen?

b) bleiben beide Glücksräder auf Weiß stehen?

c) bleibt mindestens 1 Glücksrad auf Weiß stehen?

d) bleibt mindestens 1 Glücksrad auf Schwarz stehen?

Aufgabe 1

Bei einem Bernoulli-Experiment werden nur 2 Ergebnisse (Erfolg oder Misserfolg) unterschieden. Ein mehrstufiges Bernoulli-Experiment heißt Bernoulli-Kette. Trage Beispiele für mögliche Erfolge und Misserfolge in die unten aufgeführte Tabelle ein.

Bernoulli-Experiment	Erfolg	Misserfolg
Werfen einer Münze	Zahl	
Drehen am Glücksrad		
Würfeln		
Ziehen von Spielkarten		

Aufgabe 2

Die Wahrscheinlichkeit für genau *k* Erfolge in einem *n*-stufigen Bernoulli-Experiment lässt sich mit folgender Formel berechnen:

Wahrscheinlichkeit für k Erfolge eines Ereignisses $= p^k \cdot (1 - p)^{n-k} \cdot \binom{n}{k}$

Es wird 5-mal gewürfelt. Wie groß ist die Wahrscheinlichkeit, dass genau 3-mal eine Vier fällt? Beantworte zunächst folgende Teilfragen:

a) Wie oft wird das Experiment durchgeführt? Dieser Wert ist *n*.

b) Wie häufig soll eine Vier gewürfelt werden? Dieser Wert ist *k*.

c) Wie groß ist die Wahrscheinlichkeit, beim einmaligen Würfeln eine Vier zu werfen? Dieser Wert ist *p*.

Aufgabe 3

Es wird sechsmal gewürfelt. Wie groß ist die Wahrscheinlichkeit, dass ...

a) genau 5-mal eine Eins gewürfelt wird?

b) genau 6-mal eine Eins gewürfelt wird?

c) keine Drei gewürfelt wird?

Aufgabe 4

Denke dir selbst ein mehrstufiges Bernoulli-Experiment aus. Beschreibe es und formuliere Fragen dazu. Tauscht eure Aufgaben untereinander aus und bearbeitet sie gegenseitig.

Aufgabe 1

Informiere dich im Internet oder im Lexikon über Johann Bernoulli.
Notiere die wichtigsten Daten zur Person.

____

____

____

____

Aufgabe 2

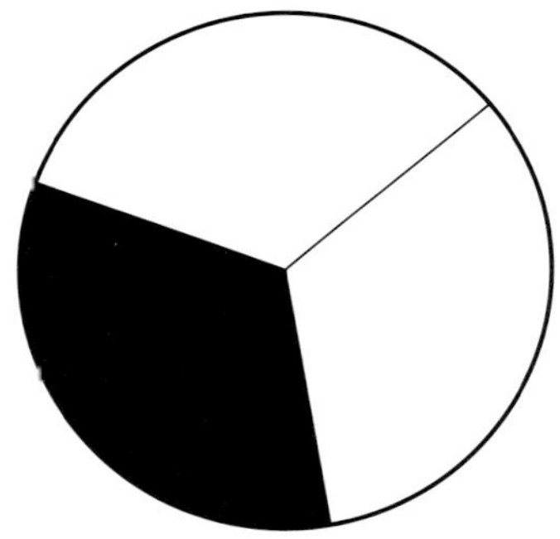

Das abgebildete Glücksrad wird 7-mal gedreht.
Wie groß ist die Wahrscheinlichkeit, dass es ...

a) genau 4-mal auf Schwarz stehen bleibt?

b) genau 7-mal auf Schwarz stehen bleibt?

c) nie auf Schwarz stehen bleibt?

Aufgabe 3

Eine Münze wird 4-mal geworfen. Wie groß ist die Wahrscheinlichkeit, dass ...

a) genau einmal Wappen fällt?

b) genau viermal Wappen fällt?

c) genau zweimal Wappen fällt?

d) nie Wappen fällt?

Aufgabe 4

Die Wahrscheinlichkeit für die Geburt eines Jungen liegt bei 0,5. Wie groß ist die Wahrscheinlichkeit, dass in einer Familie mit 6 Kindern genau 6 Mädchen sind?

Aufgabe 5

Beim Technischen Überwachungsverein (TÜV) wird durchschnittlich jedes 5. Auto beanstandet. Der Autotechniker Johannes Merkels muss an diesem Tag 8 Autos überprüfen. Wie groß ist die Wahrscheinlichkeit, dass ...

a) alle Autos die TÜV-Plakette erhalten?

b) kein Auto die TÜV-Plakette erhält?

c) genau 4 Autos die TÜV-Plakette erhalten?

d) genau 6 Autos die TÜV-Plakette erhalten?

Lernerfolgskontrolle Wahrscheinlichkeiten I

Aufgabe 1

Wie groß ist die Wahrscheinlichkeit, beim einmaligen Würfeln ...

a) eine Vier zu werfen?

b) eine ungerade Zahl zu werfen?

c) eine Zahl größer als Eins zu werfen?

d) eine Primzahl zu werfen?

Aufgabe 2

Aus einem doppelten Skatblatt (64 Karten) wird eine Karte gezogen.

Wie groß ist die Wahrscheinlichkeit, dass...

a) ein König gezogen wird?

b) ein Bild gezogen wird?

c) Karo gezogen wird?

d) eine rote Karte gezogen wird?

e) ein Bild oder eine Sieben gezogen wird?

Aufgabe 3

Beantworte folgende Fragen:

a) Was ist ein Gegenereignis?

b) Wie berechnet man die Wahrscheinlichkeit des Gegenereignisses, wenn die Wahrscheinlichkeit des Ereignisses 0,3 beträgt?

Aufgabe 4

Auf der Kaiserstraße in Friedberg gibt es 2 Ampelkreuzungen. Die erste Ampel zeigt mit einer Wahrscheinlichkeit von 30 % Grün. Die zweite Ampel zeigt mit einer Wahrscheinlichkeit von 40 % Rot. Die Phasen Gelb und Gelb-Rot werden nicht berücksichtigt. Notiere die einzelnen Wahrscheinlichkeiten im abgebildeten Baumdiagramm und beantworte folgende Fragen:

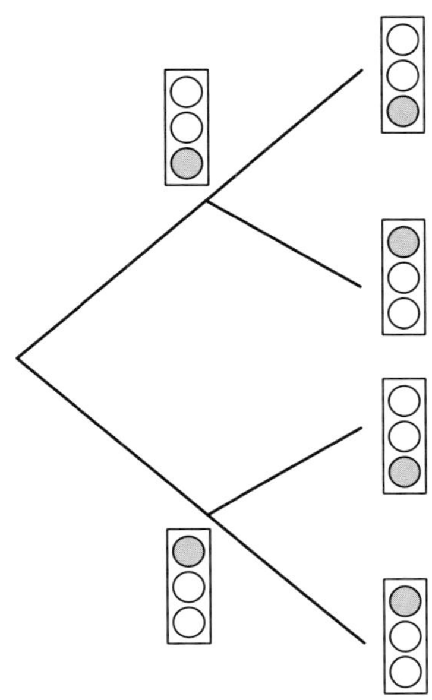

a) Wie groß ist die Wahrscheinlichkeit, dass ein Fahrer bei beiden Ampeln halten muss?

b) Wie groß ist die Wahrscheinlichkeit, dass ein Fahrer bei genau einer Ampel halten muss?

c) Wie groß ist die Wahrscheinlichkeit, dass ein Fahrer bei mindestens einer Ampel halten muss?

d) Wie groß ist die Wahrscheinlichkeit, dass ein Fahrer bei höchstens einer Ampel halten muss?

Aufgabe 1

Ein Spieler hat bei allen 3 Glücksrädern auf Weiß gesetzt.
Berechne die Gewinnchancen für jedes Glücksrad.

a) 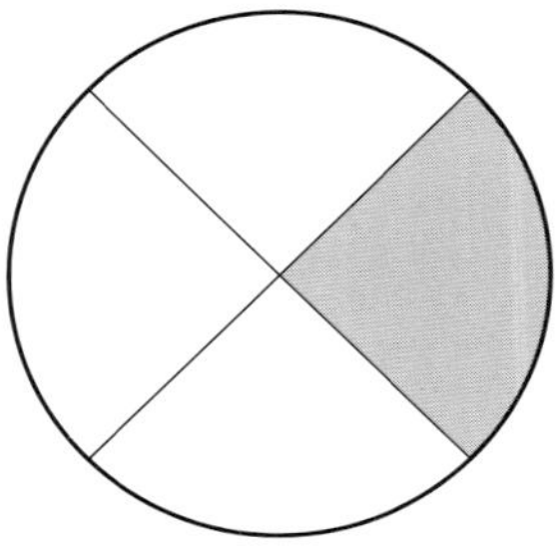

b) 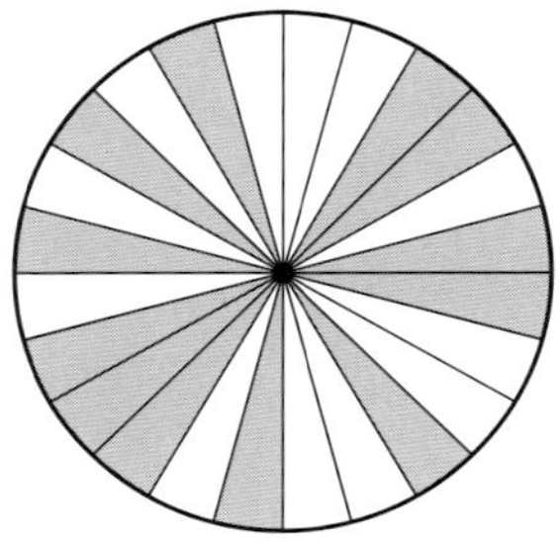

c) 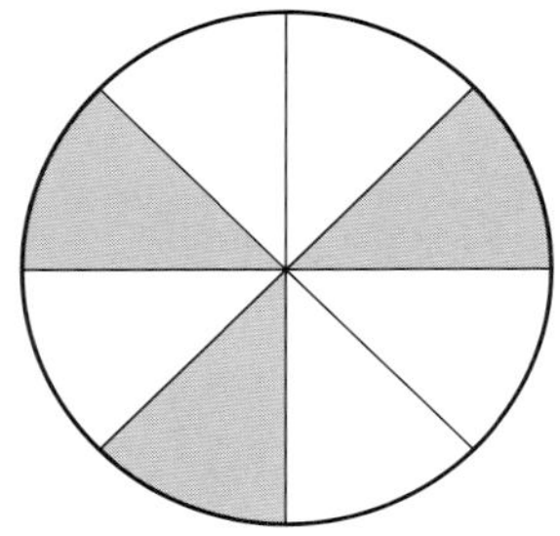

Aufgabe 2

a) Bei einem (gezinkten) Würfel liegt die Wahrscheinlichkeit, eine Sechs zu werfen, bei 0,3. Formuliere das Gegenereignis und berechne dessen Wahrscheinlichkeit.

b) Die Wahrscheinlichkeit, in der Reichweinschule in Rogersheim einen Fan des FC Bayern München anzutreffen, beträgt 55 Prozent. Formuliere das Gegenereignis und berechne dessen Wahrscheinlichkeit.

Aufgabe 3

Beim Spiel 77 wird eine achtstellige Zahl zufällig ermittelt.
Wie groß ist die Wahrscheinlichkeit, dass die erste Ziffer der Zahl ...

a) eine 5 ist? b) eine gerade Zahl ist? c) eine Zahl größer als 6 ist?

Aufgabe 4

Aus der abgebildeten Urne werden 2 Kugeln ohne Zurücklegen gezogen. Wie groß ist die Wahrscheinlichkeit, dass ...

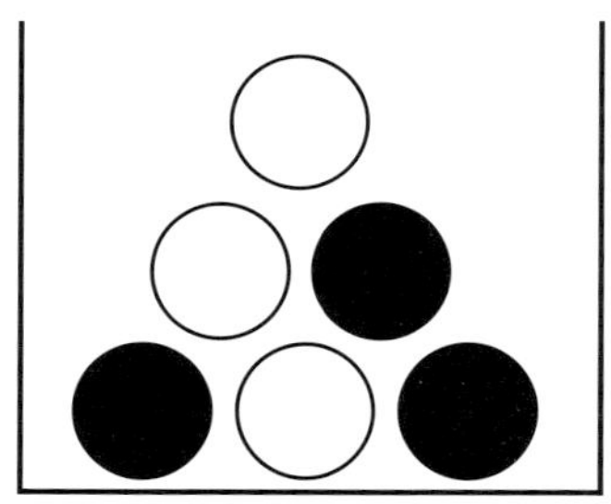

a) mindestens eine schwarze Kugel gezogen wird?

b) genau zwei weiße Kugeln gezogen werden?
Zeichne ein entsprechendes Baumdiagramm.
Notiere die einzelnen Wahrscheinlichkeiten.

c) Nun werden aus der Urne 2 Kugeln mit Zurücklegen gezogen.
Zeichne erneut ein Baumdiagramm und notiere die entsprechenden Wahrscheinlichkeiten.
Wie groß sind die Wahrscheinlichkeiten für die Ereignisse aus Aufgabe a) und b) nun?

Aufgabe 5

Es wird 6-mal gewürfelt. Wie groß ist die Wahrscheinlichkeit, dass ...

a) genau 3-mal die Fünf geworfen wird?

b) genau 6-mal die Eins geworfen wird?

c) nie die Vier geworfen wird?

Seite 6 – Kürzen und Erweitern von Brüchen

Aufgabe 1 a) $\frac{4}{8} = \frac{1}{2}$ b) $\frac{6}{9} = \frac{2}{3}$ c) $\frac{3}{5}$ d) $\frac{2}{3}$

Die Bruchteile von b) und d) sind gleich groß.

Aufgabe 2 *Aussage b) ist richtig.*

Aufgabe 3 a) $\frac{3}{6}$ $\frac{9}{12}$ $\frac{6}{21}$ $\frac{9}{48}$ $\frac{24}{45}$ b) $\frac{7}{28}$ $\frac{35}{42}$ $\frac{49}{84}$ $\frac{56}{105}$

Aufgabe 4 a) 5 b) 9 c) 12 d) 13 e) 17

Aufgabe 5 a) $\frac{1}{2}$ b) $\frac{1}{3}$ c) $\frac{1}{3}$ d) $\frac{2}{5}$ e) $\frac{3}{8}$ f) $\frac{5}{12}$

Aufgabe 6 a) 15 b) 8 c) 4 d) 55

Seite 7 – Addition und Subtraktion von Brüchen

Aufgabe 1 a) $\frac{2}{3}$ b) $\frac{4}{6} = \frac{2}{3}$ c) $\frac{3}{8}$ d) $\frac{6}{14} = \frac{3}{7}$ e) $\frac{4}{5}$ f) $-\frac{6}{24} = -\frac{1}{4}$

Aufgabe 2 *Aussage a) ist richtig.*

Aufgabe 3 a) $\frac{5}{4}$ b) $\frac{1}{6}$ c) $\frac{41}{24}$ d) $\frac{25}{36}$ e) $\frac{1}{9}$

Aufgabe 4

+

$\frac{31}{12}$

$\frac{5}{4}$ $\frac{4}{3}$

$\frac{2}{3}$ $\frac{7}{12}$ $\frac{3}{4}$

$\frac{1}{3}$ $\frac{2}{6}$ $\frac{3}{12}$ $\frac{1}{2}$

–

$\frac{3}{4}$ $\frac{3}{8}$ $\frac{1}{6}$

$\frac{3}{8}$ $\frac{5}{24}$

$\frac{1}{6}$

Aufgabe 5 $\frac{5}{6}$ l

Aufgabe 6 $24\frac{1}{6}$ kg

Seite 8 – Multiplikation und Division von Brüchen

Aufgabe 1 a) $\frac{3}{8}$ b) $\frac{4}{3}$ c) 2 d) $\frac{6}{7}$ e) $\frac{1}{3}$ f) $\frac{5}{21}$

Aufgabe 2 *Aussage b) ist richtig.*

Aufgabe 3 a) 2 b) $\frac{3}{2}$ c) $\frac{3}{38}$ d) $\frac{8}{3}$ e) $\frac{1}{4}$ f) $\frac{7}{5}$

Aufgabe 4 *Aussage a) ist richtig.*

Aufgabe 5 a) $\frac{75}{64}$ b) $\frac{5}{6}$ c) $\frac{3}{10}$ d) $\frac{10}{7}$ e) 1

Aufgabe 6 $\frac{3}{10}$ l

Aufgabe 7 *Das Quadrat hat einen Umfang von* $\frac{3}{2}$ cm = 1,5 cm.

Seite 9 – Berechnung des Prozentwertes

Aufgabe 1 Grundwert: 480 m^2; Prozentsatz: 25 %; Prozentwert: 120 m^2

Aufgabe 2 *Aussage b) ist richtig.*

Aufgabe 3 a) 1 € b) 38,8 kg c) 24 dm d) 450 l e) 1 890 f) 2 160 m^2

Aufgabe 4 a) 5 m b) 250 l c) 1,6 cm d) 60 g e) 200 m f) 0,6

Aufgabe 5 a) 24 kg

Aufgabe 6 Handy: 20 €; Zeitschriften: 10 €; Sonstiges: 10 €

Seite 10 – Berechnung des Prozentsatzes

Aufgabe 1 Grundwert: 80; Prozentsatz: 25 %; Prozentwert: 20

Aufgabe 2 *Aussage a) ist richtig.*

Aufgabe 3 a) 25,33 % b) 42,31 % c) 71,67 % d) 81,25 %

Aufgabe 4 a) 17 % b) 50 % c) 25 % d) 5 %

Aufgabe 5 a) 26,67 %

b) *Die 8b war erfolgreicher, da bei der 8a 27,27 % aller Schüler eine schlechtere Note als Vier hatten.*

Aufgabe 6 11,67 %

Seite 11 – Berechnung des Grundwertes

Aufgabe 1 30 Autos

Aufgabe 2 *Aussage b) ist richtig.*

Aufgabe 3 a) 280 kg b) 400 € c) 32 kg d) 0,8 dm

Aufgabe 4 a) 250 € b) 175 kg c) 100 000 m^3 d) 300 mm

Aufgabe 5 455 €

Aufgabe 6 55 000 Zuschauer

Seite 12 – Säulen- und Balkendiagramme

Aufgabe 1

Spieler	Bollock	Klase	Polotzki	Neustadt
Anzahl Tore	23	25	27	18

Verein	Hansa Hamburg	FC Bremen	Borussia Düsseldorf
Erreichte Punktzahlen	80	70	30

Aufgabe 2

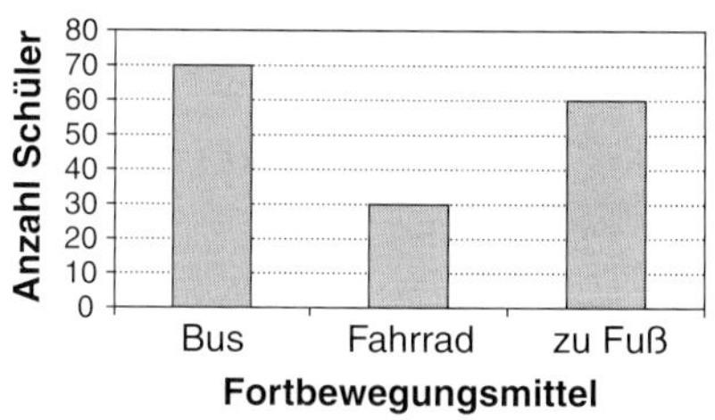

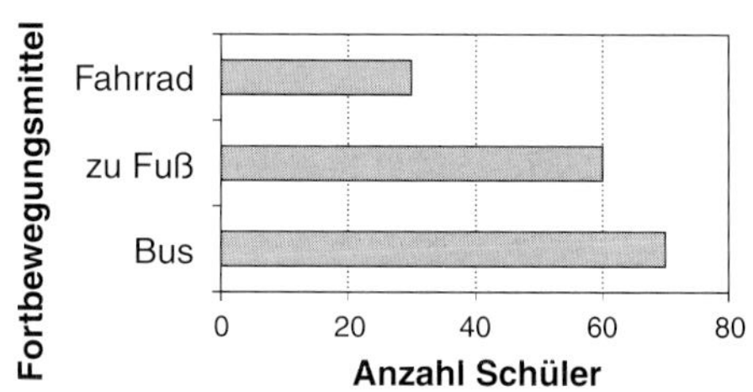

Aufgabe 3

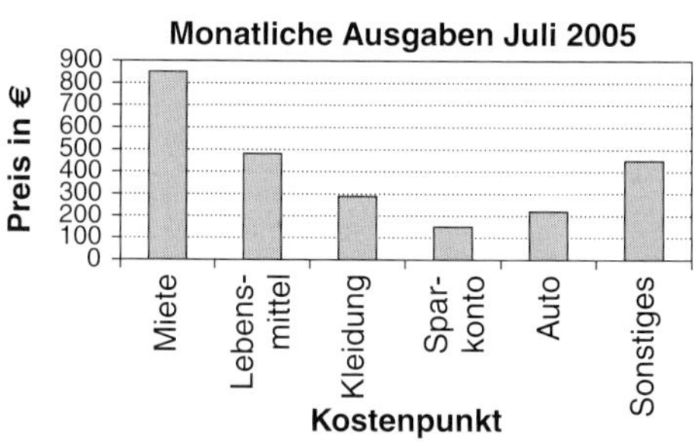

Aufgabe 4

Klasse	Klassenarbeit Nr. 1	Nr. 2	Nr. 3
7a	2,8	2,5	3
7b	3,5	3	3,5

Seite 13 – Streifendiagramme

Aufgabe 1

Turnen: 32 Fußball: 66 Leichtathletik: 50 Tennis: 52

Aufgabe 2

a) ②–③–①

b) *Dadurch wird der Grundwert (100 %) 10 cm lang.*
Die jeweiligen Längen der einzelnen Prozentwerte lassen sich dann leicht einzeichnen.

Aufgabe 3

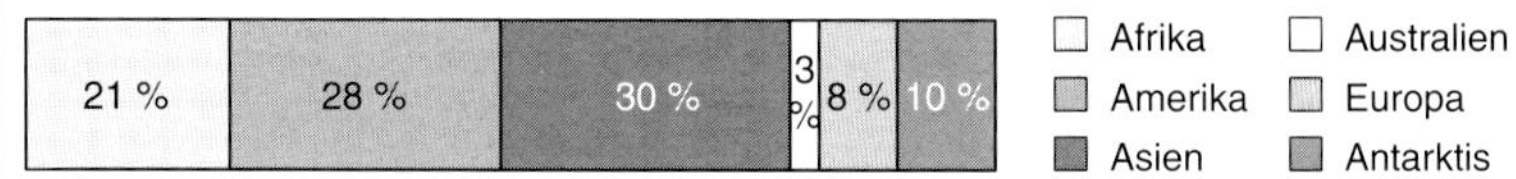

Aufgabe 4

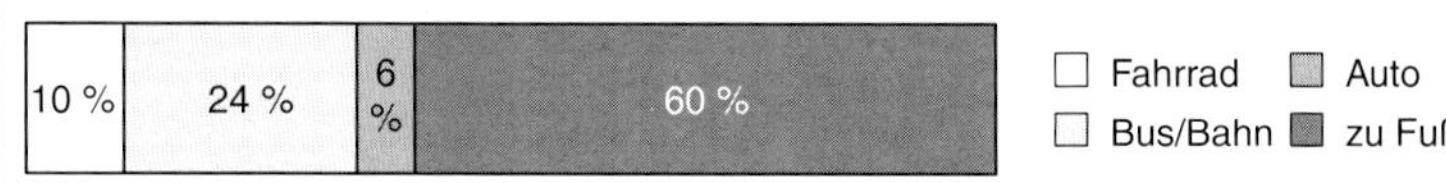

Seite 14 – Kreisdiagramme

Aufgabe 1

Schuss: 40 Tore Kopfball: 16 Tore Elfmeter: 20 Tore Sonstiges: 4 Tore

Aufgabe 2

Prozentsatz	50 %	25 %	12,5 %	10 %	80 %	1 %
Winkelgröße	180°	90°	45°	36°	288°	3,6°

Aufgabe 3

Wie oft esst ihr Obst

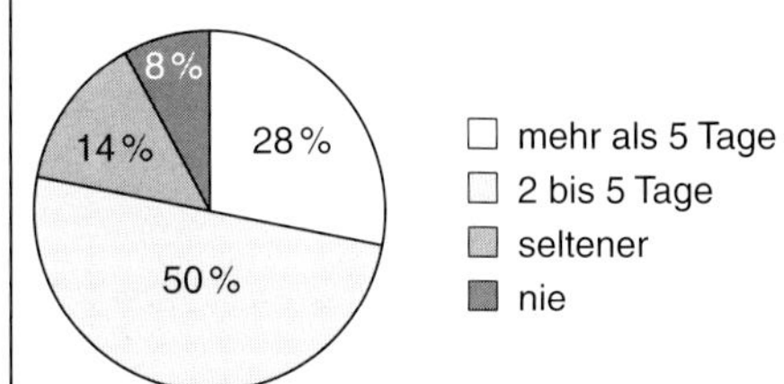

Aufgabe 4

Ausgaben Familie Walther

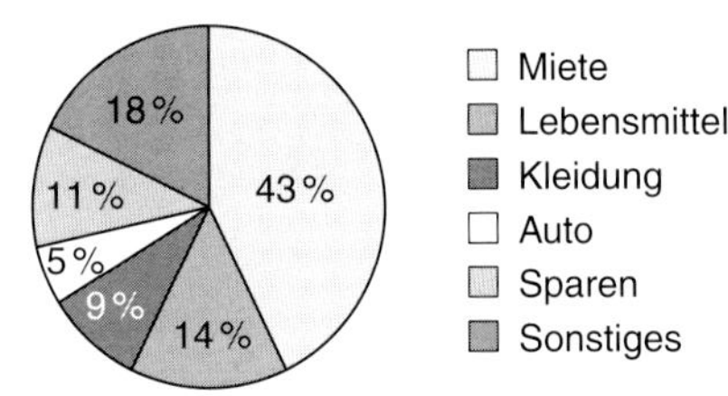

Seite 15 – Geeignete Diagrammtypen wählen

Aufgabe 1 z. B. Balkendiagramm:

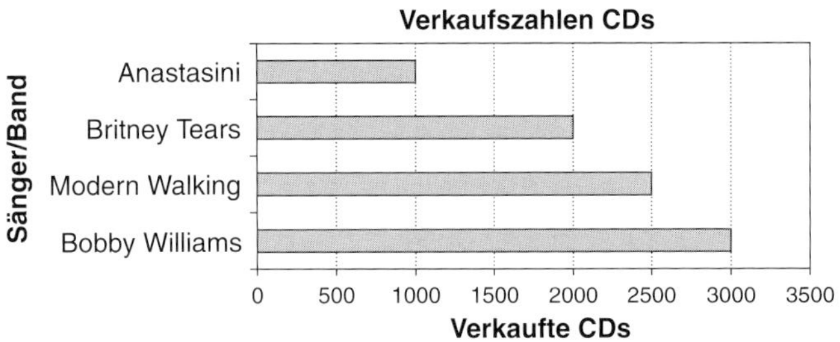

Aufgabe 2 z. B. Kreisdiagramm

Monatliche Kredit-Rückzahlungen

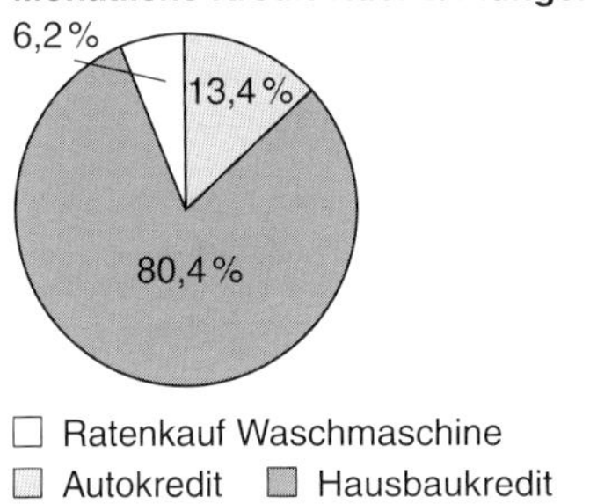

Aufgabe 3 z. B. Säulendiagramm

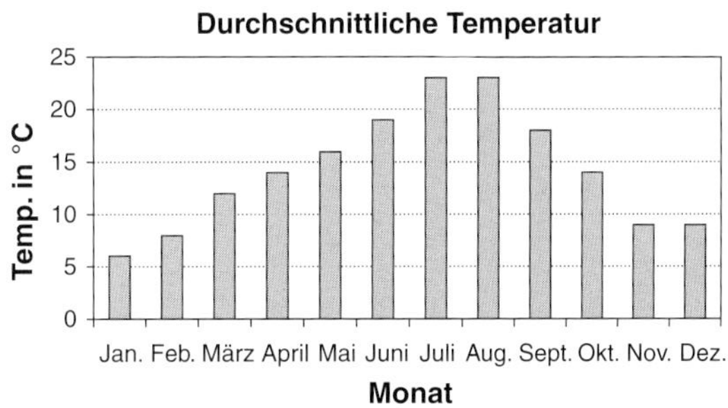

Seite 16 – Irreführende Diagramme

Aufgabe 1

a) *Die Gewinne haben sich von Jahr zu Jahr ungefähr verdoppelt.*

b) 2003: 240 000 € 2004: 255 000 € 2005: 280 000 € 2006: 330 000 €

c) *Die Skalierung der y-Achse liegt nicht bei Null.*

Aufgabe 2

a) *Der Preis wurde vervierfacht.*

b) *Da die beiden Seitenlängen verdoppelt wurden, hat sich der Flächeninhalt vervierfacht.*

Aufgabe 3

a) *Die Fahrradstrecke verläuft ohne große Höhenunterschiede.*

b) *Die Skalierung der y-Achse ist viel zu groß gewählt.*

Seite 17 – Lernerfolgskontrolle Diagramme

Aufgabe 1

a)

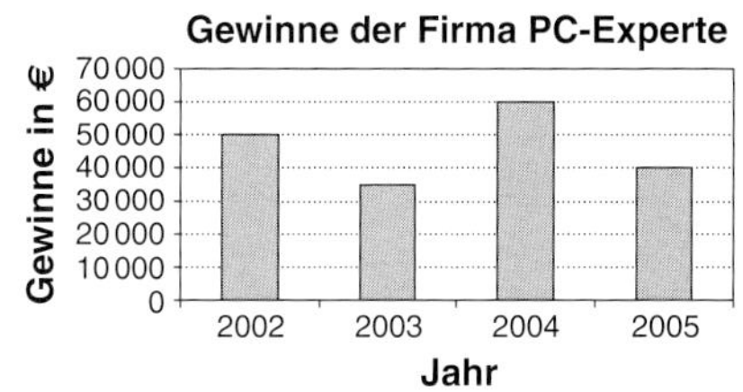

b) *Da es darum geht, dass innerhalb eines bestimmten Zeitraumes Werte von der Größe her miteinander verglichen werden sollen, eignet sich ein Säulendiagramm für die Visualisierung der Daten.*

Aufgabe 2

a)

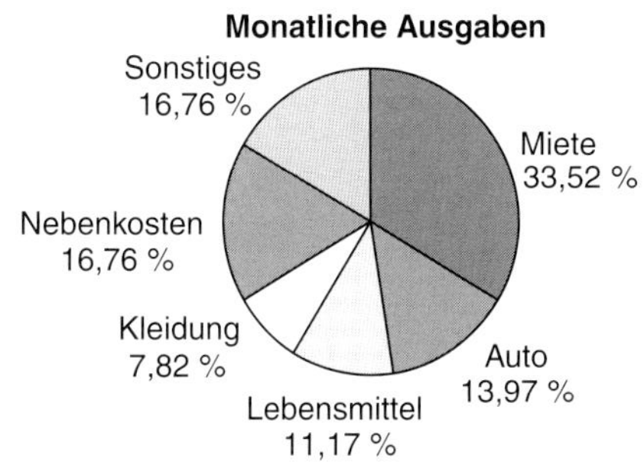

b) *Hier geht es um die Anteile der jeweiligen Ausgaben am ganzen Gehalt. Daher eignet sich ein Kreisdiagramm oder ein Streifendiagramm für die Visualisierung der Daten.*

Aufgabe 3

Fernsehsendung	Sport	Quizshow	Spielfilm	Serie	Sonstiges
Anzahl Schüler	4	4	6	8	3
Anteil in %	16	16	24	32	12

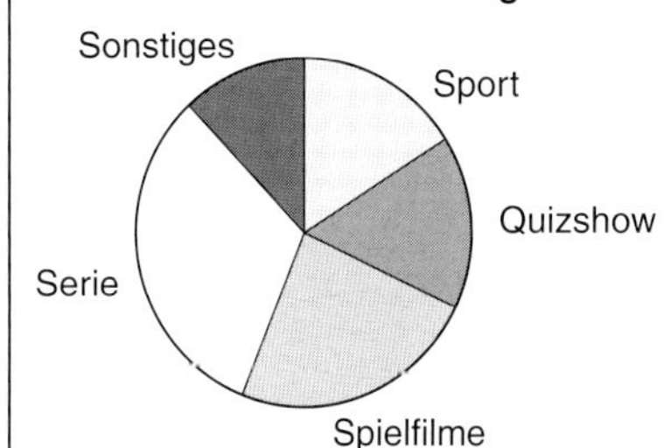

Aufgabe 4

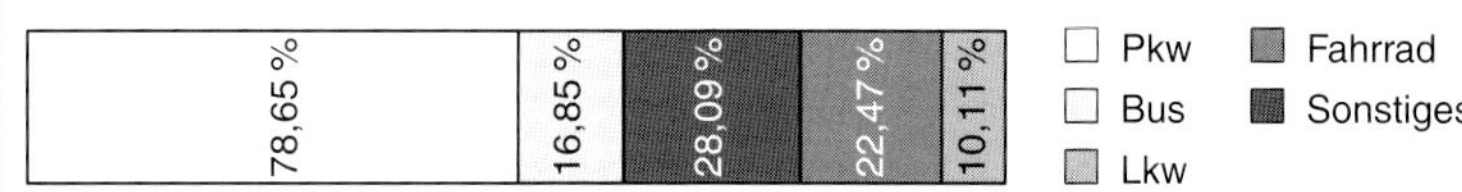

Lösungen

Seite 18 – Absolute und relative Häufigkeit I

Aufgabe 1

a)

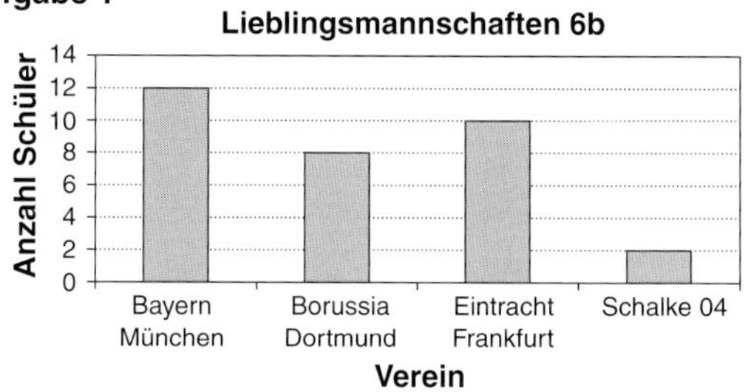

b) *Insgesamt haben 32 Schüler an der Umfrage teilgenommen.*

c) Bayern: 37,5 %
Dortmund: 25 %
Frankfurt: 31,25 %
Schalke: 6,25 %

Aufgabe 2

a) Umfang der statistischen Erhebung
b) relative Häufigkeit
c) absolute Häufigkeit
d) absolute Häufigkeit
e) relative Häufigkeit

Aufgabe 3

a)

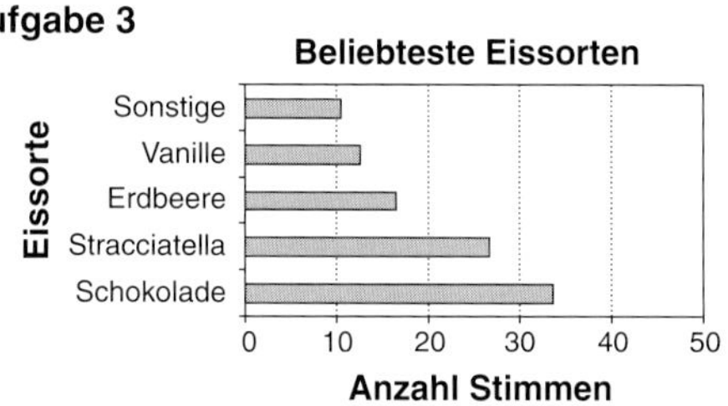

b) Schokolade: 33,58 % Stracciatella: 26,87 %
Vanille: 12,69 % Sonstige: 10,44 %
Erdbeere: 16,42 %

Seite 19 – Absolute und relative Häufigkeit II

Aufgabe 1

	absolute Häufigkeit	relative Häufigkeit
Fußball	8	25 %
Pferde	9	28,125 %
Fahrrad	5	15,625 %
Turnen	4	12,5 %
Sonstiges	6	18,75 %

Aufgabe 2

Musikrichtung	Anzahl Lehrer
Rock und Pop	44
Klassik	18
Jazz	10
Volksmusik	6
Sonstiges	2

Aufgabe 3

Filmname	relative Häufigkeit
Herr der Ringe I	29,38 %
Harry Potter III	33,38 %
Star Wars II	25,86 %
Der mit dem Wolf tanzt	11,39 %

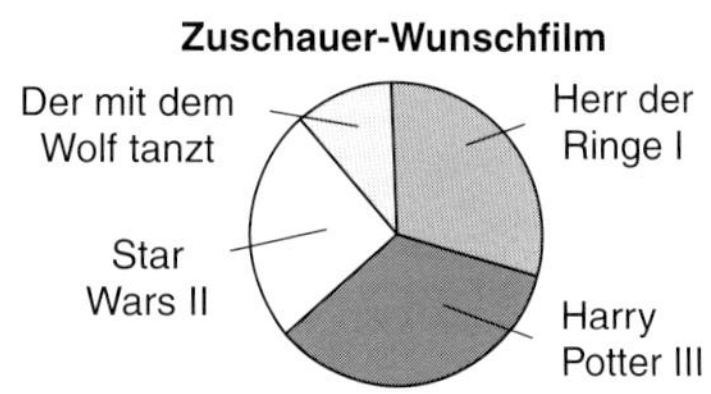

Seite 20 – Absoluter und relativer Vergleich I

Aufgabe 1

a) *In der Klassenstufe 7 tragen mehr Schüler einen Helm.*
b) Klassenstufe 6: 60 %; Klassenstufe 7: 51,85 %
c) *Die Schüler aus der Klassenstufe 6 achten im Schnitt mehr auf Sicherheit beim Fahrradfahren.*

Aufgabe 2

a) *Die Mädchen hatten anzahlmäßig mehr Ferienjobs.*
b) *Die Jungen, da dort 39,02 % tätig waren (Mädchen: 28,24 %).*

Aufgabe 3

Anzahl Fehltage	0 Fehltage	1–4 Fehltage	5–10 Fehltage	über 10 Fehltage
Gebrüder-Grimm-Schule	30,56 %	32,41 %	23,61 %	13,43 %
A.-Reichwein-Schule	19,68 %	38,56 %	25 %	16,76 %
Laisbachschule	28,57 %	50 %	14,29 %	7,14 %

Seite 21 – Absoluter und relativer Vergleich II

Aufgabe 1

7a: 80 % mit Urkunde 7b: 71,43 % mit Urkunde

Die Klasse 7a war erfolgreicher.

Aufgabe 3

$42\,\% + 68\,\% = 110\,\% > 100\,\%$ $47\,\% + 55\,\% = 102\,\% > 100\,\%$

Aufgabe 4

Frankfurt–München: 88,89 % besetzt Hamburg–Berlin: 60,71 % besetzt

Der Zug von Frankfurt nach München ist besser ausgelastet.

Aufgabe 5

Sonderschule: 2 304 Schüler Hauptschule: 8 736 Schüler
Realschule: 11 232 Schüler Gesamtschule: 10 080 Schüler
Gymnasium: 15 648 Schüler

Seite 22 – Durchführen einer Umfrage

Aufgabe 1 B – E – C – D – A

Seite 23 – Lernerfolgskontrolle Häufigkeiten

Aufgabe 1

a) Hakenburg: 130 Schüler   Gedern: 395 Schüler

b) Hakenburg: 75,14 %   Gedern: 61,72 %

Die Schule in Hakenburg ist sportlicher.

Aufgabe 2

Name	Britney Spears	Robbie Williams	Madonna	Kylie Minogue	Sonstige
Relative Häufigkeit	24 %	27 %	17 %	16 %	16 %

Aufgabe 3

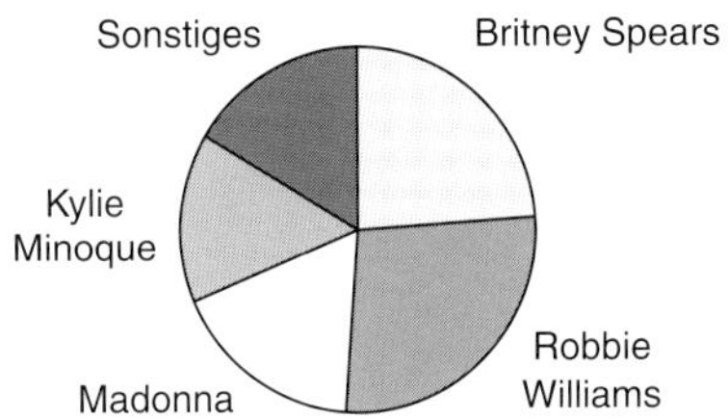

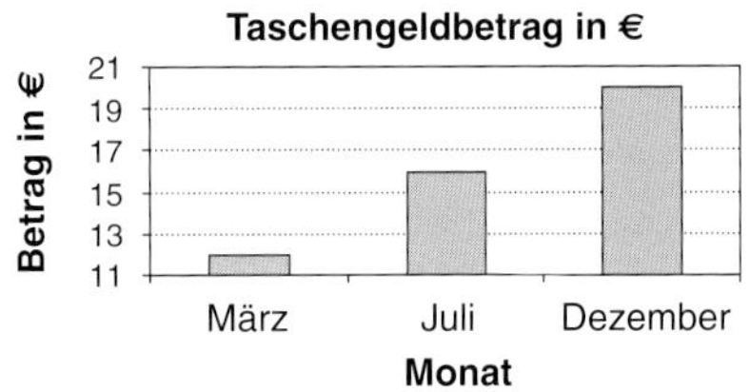

Aufgabe 4

Name	Hauke Müller	Jens Schreiber	Timm Link	Sonstige Spieler
Anteil an den insgesamt geschossenen Toren	23 Tore	18 Tore	10 Tore	9 Tore

Seite 24 – Mittelwert I

Aufgabe 1 a) August b) Dezember c) 14 °C

Aufgabe 2 $\frac{\text{Summe aller Werte}}{\text{Anzahl der Werte}}$

Aufgabe 3 9,57 €

Aufgabe 4 4 Fehler

Seite 25 – Mittelwert II

Aufgabe 1 *Jede Note wurde mit der entsprechenden Schüleranzahl multipliziert. Aus diesen Ergebnissen wurde die Summe ermittelt und anschließend durch die gesamte Schüleranzahl geteilt.*

Aufgabe 2 $Am = \frac{a_1 \cdot n_1 + a_2 \cdot n_2 + \ldots + a_k \cdot n_k}{n_1 + n_2 + \ldots + n_k}$

Aufgabe 3 a) 4,07 b) *Nein, nur 36,67 % sind schlechter.*

Aufgabe 4 144,87 cm

Seite 26 – Zentralwert

Aufgabe 1 44,3

Aufgabe 2 a) 1,69 b) 30

Aufgabe 3 *Die Aussagen b), c) und d) sind richtig.*

Aufgabe 4 Zwischen den beiden Werten, die am nächsten an der Mitte liegen (1,70 und 1,72), wird der Mittelwert berechnet:

$$\frac{1{,}70 + 1{,}72}{2} = 1{,}71$$

Seite 27 – Spannweite und mittlere Abweichung I

Aufgabe 1 AG I: 24   AG II: 23

Aufgabe 2

a) AG I: 30,67   AG II: 28

b)

AG I	Abweichung vom Mittelwert
27	3,67
36	5,33
29	1,67
17	13,67
34	3,33
41	10,33

AG II	Abweichung vom Mittelwert
26	2
16	12
28	0
24	4
35	7
39	11

c) AG I: 6,33   AG II: 6

Aufgabe 3 *Die Aussagen a), c) und d) sind richtig.*

Seite 28 – Spannweite und mittlere Abweichung II

Aufgabe 1 a) 8 b) 4,875 c) 2,16

Aufgabe 2
a) Jana: 0,7 Emilia: 0,7
b) Jana: 3,6 Emilia: 3,6
c) Jana: 0,17 Emilia: 0,27
d) *Jana hat besser gemessen.*

Aufgabe 3
a) Helen: 340 Saskia: 285
b) Helen: 77 Saskia: 69,5

Seite 29 – Varianz und Standardabweichung I

Aufgabe 1

Erreichte Punktzahl	Mittelwert	Differenz zum Mittelwert	Quadrat der Differenzen
17		3,71	13,76
8		5,29	27,98
9		4,29	18,4
12	13,29	1,29	1,66
10		3,29	10,82
21		7,71	59,44
16		2,71	7,34
		Varianz	19,91

Aufgabe 2 4,46

Seite 30 – Varianz und Standardabweichung II

Aufgabe 1

	Varianz	Standardabweichung
a)	346,69	18,62
b)	16 228,36	127,39
c)	7 555 619,19	2748,75

Aufgabe 2 Varianz: 1,35 Standardabweichung: 1,16

Aufgabe 3 Mittelwert: 19,17 Varianz: 0,77 Standardabweichung: 0,87

Aufgabe 4 Mittelwert: 1,99 Varianz: 0,011 Standardabweichung: 0,1

Seite 31 – Boxplot I

Aufgabe 1

a) 5 b) 1 c) 3 d) zwischen den Noten 2 und 4

Seite 32 – Boxplot II

Aufgabe 1

a)

Klasse	schlechteste Note	beste Note	Median	Notenbereich, in dem die meisten Arbeiten liegen
7a	6	2	4	3 bis 5
7b	6	1	3	2 bis 4

b) *Die Klasse 7b hat besser abgeschnitten.*

Aufgabe 2

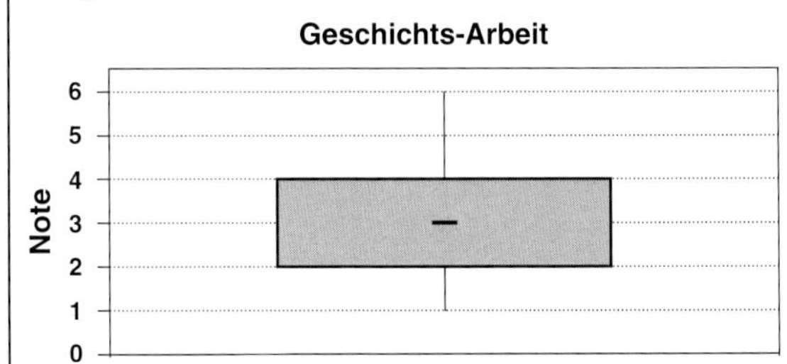

Seite 33 – Lernerfolgskontrolle statistische Maße I

Aufgabe 1

Mittelwert: $Am = \frac{a_1 \cdot n_1 + a_2 \cdot n_2 + \ldots + a_k \cdot n_k}{n_1 + n_2 + \ldots + n_k}$

Median/Zentralwert: *Wert, der in der Mitte einer Stichprobe mit geordneten Werten liegt*

Spannweite: *Differenz zwischen dem größten und dem kleinsten Wert*

mittlere Abweichung: *arithmetisches Mittel der Differenzen zum Mittelwert*

Varianz: *Durchschnitt der quadrierten Differenzen zum Mittelwert*

Standardabweichung: *Quadratwurzel aus der Varianz*

Aufgabe 2

a) Median: 24 Varianz: 102 Standardabweichung: 10,1

b) Median: 377 Varianz: 20 451,35 Standardabweichung: 143,01

c) Median: 46 Varianz: 321,22 Standardabweichung: 17,92

d) Median: 2729 Varianz: 967 534,11 Standardabweichung: 983,63

Aufgabe 3

3,67

Aufgabe 4

Die Aussagen a) und d) sind richtig.

Aufgabe 5

	Mittelwert	Zentralwert	Spannweite	Varianz	Standardabweichung
Nils	12	18	20	74,8	8,65
Anja	14,8	16	15	30,96	5,56
Jochen	7,6	1	19	72,64	8,52
Ingrid	11,6	17	19	69,44	8,33

Seite 34 – Lernerfolgskontrolle statistische Maße II

Aufgabe 1 24

Aufgabe 2 Zentralwert: 55,72 € Mittelwert: 55,24 €

Aufgabe 3 *Aussage c) ist richtig.*

Aufgabe 4 Mittelwert: 1959,33 Varianz: 2434,67 Standardabweichung: 49,34

Seite 35 – Geordnete Auswahl mit Zurücklegen I

Aufgabe 1

a)

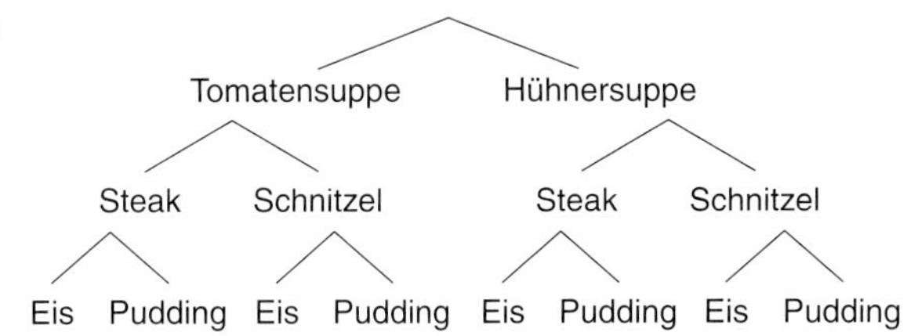

b) 8

c) $2 \cdot 2 \cdot 2 = 2^3$

Aufgabe 2 n^k

Aufgabe 3 a) $6^3 = 216$ b) $3 \cdot 5 \cdot 2 = 30$

Aufgabe 4 $3^2 = 9$

Seite 36 – Geordnete Auswahl mit Zurücklegen II

Aufgabe 1 $6 \cdot 8 \cdot 3 = 144$

Aufgabe 2 $4^4 = 256$

Aufgabe 3 $26^4 = 456\,976$

Aufgabe 4 $9 \cdot 10 \cdot 10 \cdot 10 \cdot 10 \cdot 10 = 900\,000$

Aufgabe 5 $6 \cdot 5 = 30$

Aufgabe 6 $10^3 = 1000$

Aufgabe 7 $6^3 = 216$

Seite 37 – Geordnete Auswahl ohne Zurücklegen

Aufgabe 1 a) z. B. 1234, 1324, 1246 b) 6 c) 5 d) 4 e) 3 f) $6 \cdot 5 \cdot 4 \cdot 3 = 360$

Aufgabe 2 *Die Formel c) ist richtig.*

Aufgabe 3 $26 \cdot 25 \cdot 24 \cdot 23 \cdot 22 = 7\,893\,600$

Aufgabe 4 $6 \cdot 5 \cdot 4 = 120$

Aufgabe 5 $9 \cdot 8 \cdot 7 \cdot 6 \cdot 5 = 15\,120$

Aufgabe 6 a) $10 \cdot 9 \cdot 8 \cdot 7 \cdot 6 \cdot 5 \cdot 4 = 604\,800$ b) $10^7 = 10\,000\,000$

Seite 38 – Ungeordnete Auswahl ohne Zurücklegen I

Aufgabe 1

a) z. B. „Yannik, Lea, Evi“; „Yannik, Lea, Johannes“; „Lea, Yannik, Julia“; „Julia, Lea, Evi“
b) $5 \cdot 4 \cdot 3 = 60$
c) *Nein, es ist nicht sinnvoll, da die Reihenfolge bei diesem Sachverhalt keine Rolle spielt.*
d) $3 \cdot 2 \cdot 1 = 6$
e) $60 : 6 = 10$

Aufgabe 2

Rechnung c) ist richtig.

Aufgabe 3

$\frac{8 \cdot 7 \cdot 6}{3 \cdot 2 \cdot 1} = 56$

Aufgabe 4

$\frac{9 \cdot 8}{2 \cdot 1} = 36$

Aufgabe 5

a) $\frac{49 \cdot 48 \cdot 47 \cdot 46 \cdot 45 \cdot 44}{6 \cdot 5 \cdot 4 \cdot 3 \cdot 2 \cdot 1} = 13\,983\,816$

b) $\frac{1}{13\,983\,816} = 0{,}000\,000\,072$

Seite 39 – Ungeordnete Auswahl ohne Zurücklegen II

Aufgabe 1

a) 720 b) 3 628 800 c) $2{,}4329 \cdot 10^{18}$ d) 144 e) 20 f) 20 160

Aufgabe 2

a) 20 b) 210 c) 1225 d) 601 080 390 e) 4

Aufgabe 3

$\binom{35}{5} = 324\,632$

Aufgabe 4

1 Kegel: $\binom{9}{1} = 9$ 3 Kegel: $\binom{9}{3} = 84$ 5 Kegel: $\binom{9}{5} = 126$

7 Kegel: $\binom{9}{7} = 36$ 8 Kegel: $\binom{9}{8} = 9$ 9 Kegel: $\binom{9}{9} = 1$

Seite 40 – Lernerfolgskontrolle Kombinatorik

Aufgabe 1 $\binom{10}{4} = 210$

Aufgabe 2 $4 \cdot 5 \cdot 7 = 140$

Aufgabe 3 $3^{11} = 177\,147$

Aufgabe 4 $2^{12} = 4096$

Aufgabe 5 $\binom{20}{3} = 1140$

Aufgabe 6 $4 \cdot 3 \cdot 2 \cdot 1 = 24$

Aufgabe 7 $\binom{8}{4} = 70$

Aufgabe 8 $\binom{9}{3} = 84$

Seite 41 – Zufallsversuche I

Aufgabe 2

a) Chancengleichheit b) Ergebnisse c) Zufallsversuch

Aufgabe 3

a) Münze: Wappen, Zahl
Reißzwecke: „fällt genau auf den Kopf“, „fällt zur Seite“
Glücksrad: z. B. Rot, Schwarz, gerade Zahl, ungerade Zahl
Spielkarte: z. B. Herz, König, Pikass
Korken: „steht gerade“, „fällt auf die Seite“
Würfel: z. B. gerade Augenzahl, ungerade Augenzahl, Augenzahl 6, Augenzahl kleiner als 3

b) z. B. Wappen und Zahl beim Münzwurf, gerade und ungerade Zahl beim Würfeln

Seite 42 – Zufallsversuche II

Aufgabe 3

b) *Bei Spiel 1 und 2 sind die Gewinnchancen am größten. Die Wahrscheinlichkeit zu gewinnen beträgt jeweils $\frac{1}{2}$, bei Spiel 3 dagegen nur $\frac{7}{15}$.*

Aufgabe 4

Bei Urne A, hier betragen die Gewinnchancen $\frac{6}{15}$. Bei Urne B liegen sie dagegen nur bei $\frac{5}{15}$.

Seite 43 – Einfache Wahrscheinlichkeiten berechnen I

Aufgabe 1

a) A: 6 B: 10

b) A: $\frac{6}{12} = \frac{1}{2}$ B: $\frac{10}{24} = \frac{5}{12}$

c) *Bei Glücksrad A zu drehen, wäre günstiger, da $\frac{1}{2}$ größer als $\frac{5}{12}$ ist.*

Aufgabe 2 *Aussage c) ist richtig.*

Aufgabe 3 $\frac{1}{2}$

Seite 44 – Einfache Wahrscheinlichkeiten berechnen II

Aufgabe 1 A: $\frac{2}{3}$ B: $\frac{5}{8}$ C: $\frac{2}{3}$

Aufgabe 2

	günstige Ergebnisse	Wahrscheinlichkeit
a)	6	$\frac{1}{6}$
b)	3, 4	$\frac{1}{3}$
c)	1, 3, 5	$\frac{1}{2}$
d)	–	0
e)	2, 3, 4, 5, 6	$\frac{5}{6}$
f)	2, 3, 5	$\frac{1}{2}$

Aufgabe 3

	günstige Ergebnisse	Wahrscheinlichkeit
a)	2 und 6, 6 und 2, 3 und 5, 5 und 3, 4 und 4	$\frac{5}{36}$
b)	6 und 6	$\frac{1}{36}$

Seite 45 – Einfache Wahrscheinlichkeiten berechnen III

Aufgabe 1

	Ergebnisse	Wahrscheinlichkeit
a)	Kreuzkönig	$\frac{1}{32}$
b)	Karodame, Herzdame, Pikdame, Kreuzdame	$\frac{4}{32} = \frac{1}{8}$
c)	alle 4 Buben, alle 4 Damen, alle 4 Könige	$\frac{12}{32} = \frac{3}{8}$
d)	alle 8 Pik-Karten, alle 8 Kreuzkarten	$\frac{16}{32} = \frac{1}{2}$
e)	Herzbube, Herzdame, Herzkönig	$\frac{3}{32}$
f)	alle 4 Siebenen alle 4 Neunen	$\frac{8}{32} = \frac{1}{4}$
g)	alle 8 Karo-Karten, alle 8 Herz-Karten, alle 8 Kreuz-Karten	$\frac{24}{32} = \frac{3}{4}$
h)	alle Karten bis auf den Kreuzbuben	$\frac{31}{32}$

Aufgabe 2

Lostrommel A: $\frac{32}{120} = \frac{4}{15} = 0{,}27$; Lostrommel B: $\frac{58}{200} = \frac{29}{100} = 0{,}29$.

Da $\frac{29}{100}$ größer als $\frac{4}{15}$ ist, sollte bei Lostrommel B gezogen werden.

Aufgabe 3

a) $\frac{9}{49}$ b) $\frac{9}{49}$ c) $\frac{15}{49}$ d) $\frac{4}{49}$

Aufgabe 4

a) $\frac{1}{4}$ b) $\frac{1}{2}$

Lösungen

Seite 46 – Gegenereignis

Aufgabe 1

Das Gegenereignis d) ist richtig.

Aufgabe 2

a) *Beim einmaligen Würfeln ist die Augenzahl kleiner oder gleich 4.*

b) *Beim einmaligen Ziehen aus einem Skatblatt wird eine schwarze Karte gezogen.*

c) *Die beiden Augenzahlen beim Würfeln mit 2 Würfeln sind gleich.*

Aufgabe 3

Die Aussagen b) und d) sind richtig.

Aufgabe 4

Wahrscheinlichkeit eines Ereignisses	0,3	0,5	**0,15**	**0,99**	0
Wahrscheinlichkeit des Gegenereignisses	**0,7**	**0,5**	0,85	0,01	**1**

Aufgabe 5

a) *Zwei Menschen, die sich begegnen, haben nicht am gleichen Tag Geburtstag.*

b) 365

c) 364

d) $365 \cdot 364 = 132\,860$

e) $365 \cdot 365 = 133\,225$

f) $\frac{132\,860}{133\,225} = 0{,}99726$

g) $1 - 0{,}99726 = 0{,}00274 = 0{,}24\,\%$

Seite 47 – Baumdiagramme I

Aufgabe 1

a) 36

b) $\frac{1}{6}$

c) $\frac{1}{6} \cdot \frac{1}{6} = \frac{1}{36}$

Aufgabe 2

a) *Ein mehrstufiges Zufallsexperiment ist ein Zufallsversuch, der aus mehreren Teilversuchen besteht.*

b) *Baumdiagramme veranschaulichen mehrstufige Zufallsversuche. Man kann die einzelnen Wahrscheinlichkeiten leicht ablesen.*

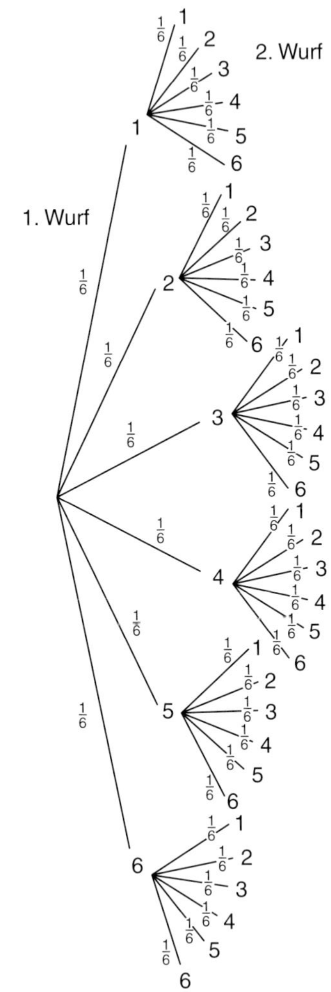

Seite 48 – Baumdiagramme II

Aufgabe 1

a) $p_1 = \frac{1}{2}$

b) $p_2 = \frac{15}{31}$

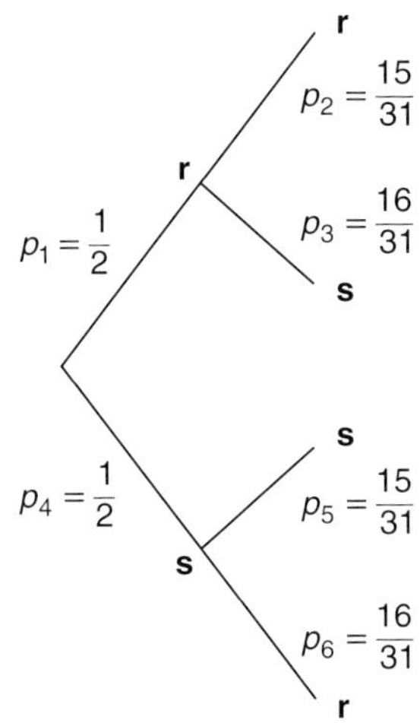

Aufgabe 2

Aussage b) ist richtig.

Aufgabe 3

a) $p_1 \cdot p_2 = \frac{1}{2} \cdot \frac{15}{31} = \frac{15}{62}$

b) $p_1 \cdot p_2 + p_1 \cdot p_3 + p_4 \cdot p_6 = \frac{1}{2} \cdot \frac{16}{31} + \frac{1}{2} \cdot \frac{16}{31} + \frac{1}{2} \cdot \frac{15}{31} = \frac{47}{62}$

Aufgabe 4

addiert

Seite 49 – Baumdiagramme III

Aufgabe 1

a) siehe Grafik

b) $\frac{1}{2} \cdot \frac{1}{2} \cdot \frac{1}{2} = \frac{1}{8}$

c) $\frac{1}{2} \cdot \frac{1}{2} \cdot \frac{1}{2} + \frac{1}{2} \cdot \frac{1}{2} \cdot \frac{1}{2} + \frac{1}{2} \cdot \frac{1}{2} \cdot \frac{1}{2} + \frac{1}{2} \cdot \frac{1}{2} \cdot \frac{1}{2} = \frac{1}{2}$

d) $\frac{1}{2} \cdot \frac{1}{2} \cdot \frac{1}{2} = \frac{1}{8}$

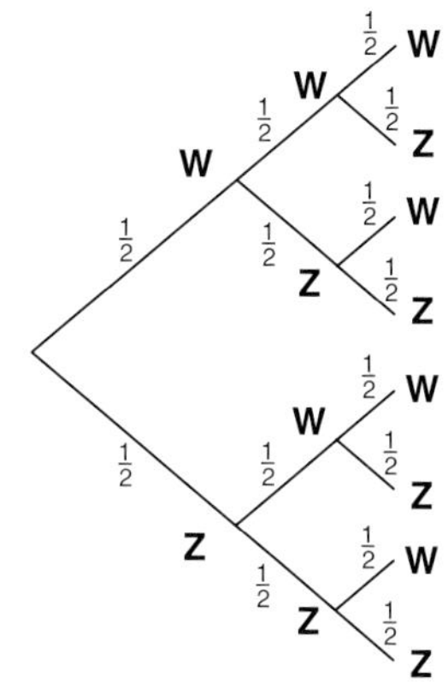

Aufgabe 2

a) siehe Grafik

b) $\frac{2}{5} \cdot \frac{1}{4} = \frac{1}{10}$

c) $\frac{3}{5} \cdot \frac{1}{2} = \frac{3}{10}$

d) $\frac{3}{5} \cdot \frac{1}{2} + \frac{2}{5} \cdot \frac{3}{4} = \frac{3}{5}$

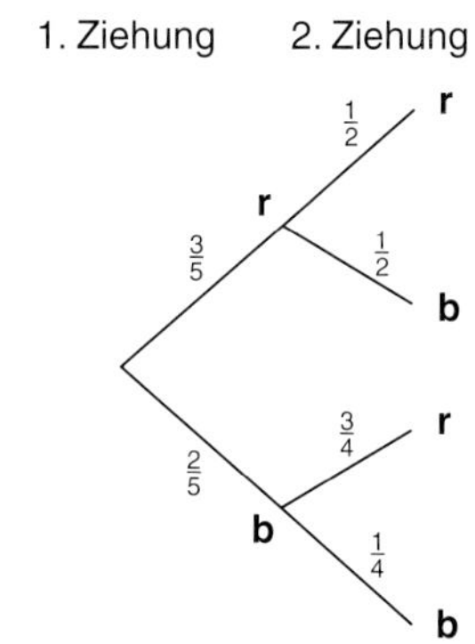

Seite 50 – Baumdiagramme IV

Aufgabe 1

a) $0{,}6 \cdot 0{,}6 = 0{,}36$

b) $0{,}4 \cdot 0{,}4 = 0{,}16$

c) $0{,}4 \cdot 0{,}4 = 0{,}16$

d) $0{,}4 \cdot 0{,}6 + 0{,}6 \cdot 0{,}4 + 0{,}6 \cdot 0{,}6 = 0{,}84$

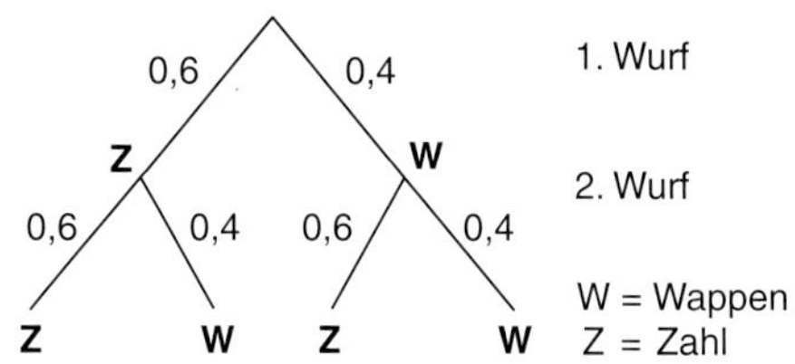

Aufgabe 2

a) $\frac{1}{8} \cdot \frac{1}{8} \cdot \frac{1}{8} = \frac{1}{512} = 0{,}001953$

b) $\frac{7}{8} \cdot \frac{7}{8} \cdot \frac{7}{8} = \frac{343}{512} = 0{,}66992$

c) $1 - \frac{343}{512} = 0{,}33$
(Gegenereignis von b))

d) $1 - \frac{1}{512} = \frac{511}{512} = 0{,}998$
(Gegenereignis von a))

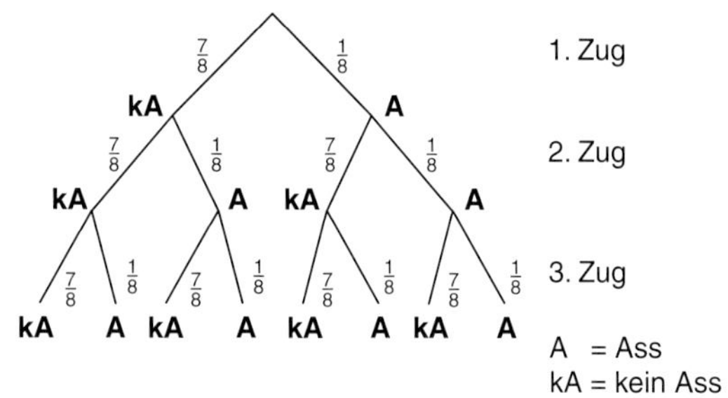

Aufgabe 3

a) $\frac{2}{3} \cdot \frac{5}{8} = \frac{5}{12} = 0{,}4166$

b) $\frac{1}{3} \cdot \frac{3}{8} = \frac{1}{8} = 0{,}125$

c) $1 - \frac{5}{12} = \frac{7}{12} = 0{,}5833$ (Gegenereignis von a))

d) $1 - \frac{1}{8} = \frac{7}{8} = 0{,}875$ (Gegenereignis von b))

Seite 51 – Bernoulli-Experimente I

Aufgabe 1

Bernoulli-Experiment	Erfolg	Misserfolg
Werfen einer Münze	*Zahl*	Wappen
Drehen am Glücksrad	gerade Zahl	ungerade Zahl
Würfeln	Zahl größer als 2	Zahl kleiner oder gleich 2
Ziehen von Spielkarten	rote Farbe	schwarze Farbe

Aufgabe 2

a) $n = 5$ b) $k = 3$ c) $p = \frac{1}{6}$ Wahrscheinlichkeit $= 0{,}0032$

Aufgabe 3

a) $0{,}000643$ $(n = 6,\ k = 5,\ p = \frac{1}{6})$

b) $0{,}000021$ $(n = 6,\ k = 6,\ p = \frac{1}{6})$

c) $0{,}334898$ $(n = 6,\ k = 0,\ p = \frac{1}{6})$

Seite 52 – Bernoulli-Experimente II

Aufgabe 1

Johann Bernoulli wurde 1667 in Basel geboren und starb im Jahre 1748. Obwohl er innerhalb der Medizin promovierte, beschäftigte er sich hauptsächlich mit mathematischen Themen und konnte vor allem im Bereich der Differenzialgleichungen viele wichtige Gesetzmäßigkeiten entdecken.

Aufgabe 2

a) $0{,}128$ $(n = 7,\ k = 4,\ p = \frac{1}{3})$

b) $0{,}0004572$ $(n = 7,\ k = 7,\ p = \frac{1}{3})$

c) $0{,}0585276$ $(n = 7,\ k = 0,\ p = \frac{1}{3})$

Aufgabe 3

a) $\frac{1}{4}$ $(n = 4,\ k = 1,\ p = \frac{1}{2})$

b) $\frac{1}{16}$ $(n = 4,\ k = 4,\ p = \frac{1}{2})$

c) $\frac{3}{8}$ $(n = 4,\ k = 2,\ p = \frac{1}{2})$

d) $\frac{1}{16}$ $(n = 4,\ k = 0,\ p = \frac{1}{2})$

Aufgabe 4

$0{,}015625$ $(n = 6,\ k = 6,\ p = \frac{1}{2})$

Aufgabe 5

a) $0{,}167772$ $(n = 8,\ k = 0,\ p = \frac{1}{5})$

b) $0{,}00000256$ $(n = 8,\ k = 8,\ p = \frac{1}{5})$

c) $0{,}0458752$ $(n = 8,\ k = 4,\ p = \frac{1}{5})$

d) $0{,}2936$ $(n = 8,\ k = 2,\ p = \frac{1}{5})$

Seite 53 – Lernerfolgskontrolle Wahrscheinlichkeiten I

Aufgabe 1 a) $\frac{1}{6}$ b) $\frac{1}{2}$ c) $\frac{5}{6}$ d) $\frac{1}{2}$

Aufgabe 2 a) $\frac{1}{8}$ b) $\frac{3}{8}$ c) $\frac{1}{4}$ d) $\frac{1}{2}$ e) $\frac{1}{2}$

Aufgabe 3

a) *Ein Gegenereignis umfasst alle Versuchsausgänge, die nicht zum gesuchten Ereignis führen. Es tritt also genau dann ein, wenn das Ereignis nicht eintritt.*

b) $1 - 0{,}3 = 0{,}7$

Aufgabe 4 a) 28 % b) 54 % c) 82 % d) 72 %

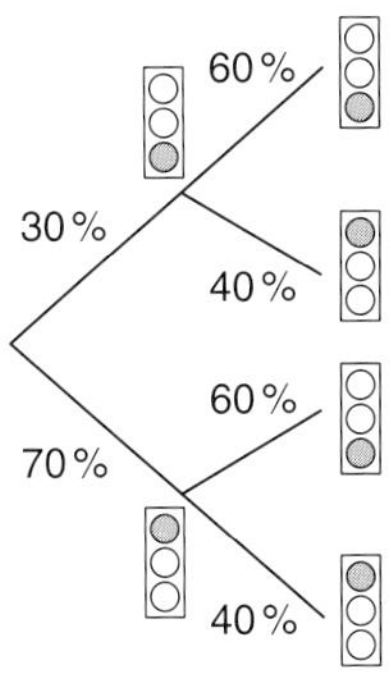

Seite 54 – Lernerfolgskontrolle Wahrscheinlichkeiten II

Aufgabe 1

a) $\frac{3}{4}$ b) $\frac{1}{2}$ c) $\frac{5}{8}$

Aufgabe 2

a) *Die Augenzahl ist kleiner als 6.*
Wahrscheinlichkeit = 0,7

b) *Die Person ist kein Fan von Bayern München.*
Wahrscheinlichkeit = 45 %

Aufgabe 3

a) $\frac{1}{10}$ b) $\frac{1}{2}$ c) $\frac{3}{10}$

Aufgabe 4

a) 0,8

b) (Gegenereignis von a))

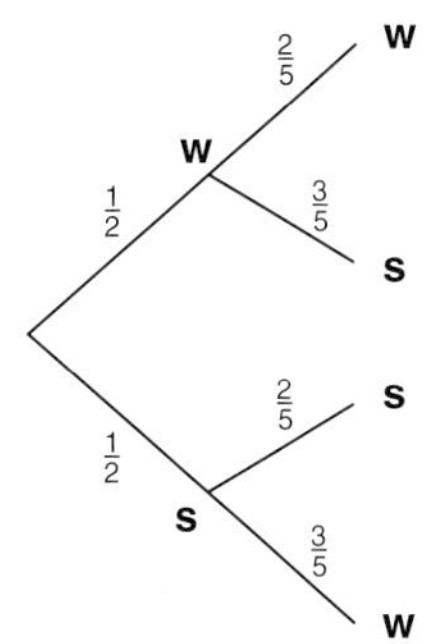

w = weiß
s = schwarz

c) mindestens eine schwarze Kugel: 0,75
genau zwei weiße Kugeln: 0,25

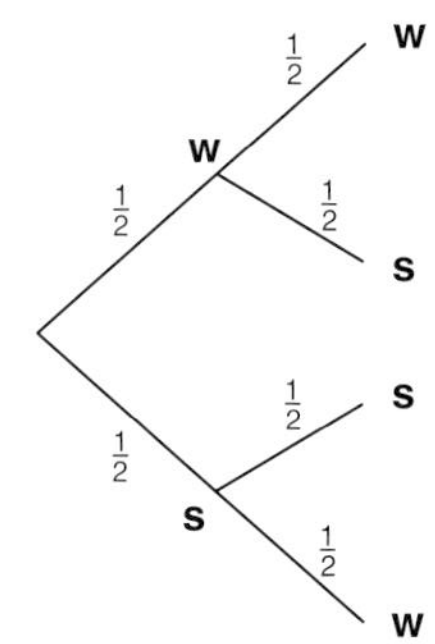

Aufgabe 5

a) 0,05358368 b) 0,000021433 c) 0,3348979